TRANS 문화교차 CULTURATION

박길룡 | 한경구 | 봉일범 | 이공희 | 이경훈
최혜정 | 나창순 | 김용성 | 최재천 | 전 헌

TRANS CULTURATION

문화교차

Geological epochs

Architecture as Process, Culture as Expansion

Architecture in the Microcosmic Cultural Mixture

Resonance

Two Architecture, Two Watches

Abstraction-Materialization

Between Technology and Sensibility

Ubquitous Dystopia

Nature, Culture and Architecture

Architecture as Science of Feelings

국민대학교 출판부

Prologue
문화교차

건축은 문화의 총합이었다.

문화는 교섭의 장에서 이종을 만들고 이종은 대개 새로운 것으로서 기존재의 그것이 느릿느릿 걸어오던 진화의 속도를 훌쩍 넘어서곤 했다.

근대 이후 한국의 건축이 겪은 문화교차, 문화전이의 파고드는 세계 그 어느 곳보다, 역사의 그 어느 시점보다 강력한 것이었다. 그 강렬한 교반의 결과가 태동한 잡종강세의 이종들은 어느 것 하나 섣불리 보아 넘길 수 없는 기이함들로 다시 또 새로운 문화의 바탕이 되어 왔다.

건축은 또한 문화를 비춰보는 가장 큰 거울이자 문화를 이해하는 가장 큰 사전이었다. 인간 문화의 공고한 응결체가 건축이며 문화의 바탕에 건축이 있었다. 인위적인 모든 것들의 합이 곧 문화였기 때문이다. 문화와 건축의 여집합에는 자연과 조물주의 소관 정도만이 있었을 뿐, 인간사 자체는 대부분 인위적이며 그러므로 대부분 건축이었다. 문화와 건축이 그래도 별개의 범주일 수 있었던 지금까지는 그러했다.

충돌과 교접의 2차원적 문화교차를 넘어 동시에 수많은 이질들이 중첩되고 혼재되는 다차원의 문화교차를 겪고 있는 지금 시대다. 콘텐츠 중심의 생태계라는 전혀 새로운 차원으로 자라난 과거 기생체들과의 낯선 공생을 이제 막 시작한 스마트 기기들의 세상처럼, 문화와 건축의 관계는 이제 선후의 그것이 아니라 무엇이 무엇을 만드는지 가려낼 수 없는 유기체로 융합되는 듯하다. 건축은 이 불가해한 시대에 문화의 어떤 교차망들로부터 불거질 것이고 문화는 또 어떤 건축의 생성을 통해 그 난삽한 단면들을 드러내고 채비할 것인가?

2011년 국민대 건축학부의 제13회 트리엔날레 『문화교차』는 건축이 문화교차의 산물이자 곧 문화교차를 읽어내는 일이 건축을 상상하는 출발점이 될 것이라는 생각에서 시작했다. 그리하여 생성되는 신종의 건축들은 그것을 있게 한 문화의 층위들을 넘어 지금 시대의 삶이 응결되는 모양새를 결정할 또 다른 문화를 잉태할 것이다. 그것이 동시적이다.

건축이 문화교차의 산물이라는 시각에서 출발하지만, 이 전시를 빌어 우리는 건축이 문화이고 문화가 건축인 또 다른 이종의 다음 시대를 준비하려 한다.

004 Prologue

008 박/길/룡 국민대학교 건축학부 교수
世와 界 Geological epochs

030 한/경/구 서울대학교 자유전공학부 교수
프로세스로서의 건축과 익스팬션으로서의 문화
Architecture as Process, Culture as Expansion
– 문화교차와 혼종성을 다시 생각한다

060 봉/일/범 국민대학교 건축학부 교수
미시적 문화혼재 속의 건축
Architecture in the Microcosmic Cultural Mixture

074 이/공/희 국민대학교 건축학부 교수
공명 Resonance

088 이/경/훈 국민대학교 건축학부 교수
두개의 건축, 두개의 시계 Two Architecture, Two Watches
– 한국건축의 비동시성의 동시성

106 최/혜/정 국민대학교 건축학부 교수
추상과구상 Abstraction-Materialization

122 나/창/순 국민대학교 건축학부 교수
기술과 감성의 교차 Between Technology and Sensibility

146 김/용/성 국민대학교 건축학부 교수
유비쿼터스 디스토피아 Ubquitous Dystopia

166 최/재/천 이화여자대학교 석좌교수
자연과 문화, 그리고건축 Nature, Culture and Architecture

190 전/헌 성균관대학교 유학동양학부 초빙교수
건축과 감정과학 Architecture as Science of Feelings

世와 界

GEOLOGICAL EPOCHS

박 / 길 / 룡 국민대학교 건축학부 교수

문화란 세世라는 시간과 계界라는 공간 위에서 펼쳐지는 교차상交叉相이다. 그래서 이 교차의 현상은 입체적이며 동태적이다. 지역과 지방 사이에 교환이 벌어지며 과거와 미래로 엮어진다. 거기에 더하여 현실과 가상, 사실과 미지의 세계가 함께 준동한다. 우리는 교차의 경영으로 거두어질 잡종강세를 믿지만, 끊임없이 확장하는 다원성多元性과 쉼 없이 가속하는 통합성統合性 사이에서 나침반을 잃었다. 여기에서 우리 문화 교차의 궁극성을 통섭通涉으로 묻는다.

世의 界

건축을 만나러 나갈 때 마다 세계를 만난다. 건축이 세世와 계界라는 보따리 안에 있기 때문이다. 보통 우리는 —지구라고도 하는— 세계에 산다고 하지만, 세계는 복합체이다. 세는 시간이고 계는 공간이다. 그러니까 세계는 세世와 계界가 만드는 시공상時空相이다. 세와 계가 교차하고 계와 계가 교차하고 세와 계가 교차한다. 세와 세가 교차하여 전통이다. 계와 계가 교차하여 근린이 이루어지는데 꼭 우호적인 것만은 아니다.

세계의 모습은 시대에 따라 다르다. 중세 인이 그리는 세계는 O 안의 T의 모양으로 간단했다. 지구가 원반인 것은 사실인데 그 안에 T자로 생긴 물에 의해 셋의 계三界로 이루어졌다. 지구의 외곽은 오세아눈 바다로 둘러쳐 있어 다 이상 나가면 나락奈落이다. 유럽, 아프리카

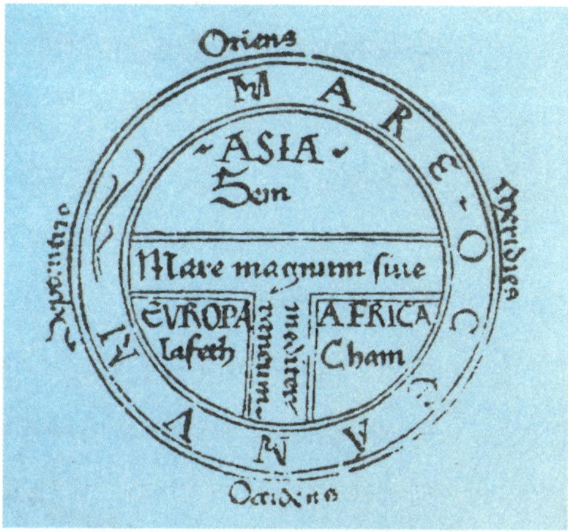

TO 지도_8세기경 스페인의 승려 보뚜 Beatus de Liebana가 생각했던 지구도로 Beatus지도라고도 한다.지구 세계는 원반처럼 생겼는데, 위가 동쪽이고 아래가 서쪽이다. T자로 교차하는 바다 마그늄이 원반을 3등분한다. 아시아, 유럽, 아프리카이다. 아직 아메리카는 존재하지 않는다.

그리고 아시아이다. 점차 세계는 넓어지는데, 그것은 새로운 생성 때문이 아니라 인지의 확장 때문이다.

그러니까 세계는 '있음'의 문제인데 만들어지거나, 발견되거나, 인식되면서 확대된다. 지리상의 발견, 우주의 이해, 사이버스페이스 등이 그러하다. 로마의 세계가 있고, 고딕의 세계가 있고, 르네상스의 세계가 있다. 영어로 말하는 세계는 넓고, 중국어밖에 못하는 세계가 있고, 프랑스 말도 하는 세계가 아프리카에 있다. 계는 경계로 분명해지지만, 세력이기에 고정태固定態가 아니다.

세와 계가 교차하면 15세기의 고딕이 넘어와서 19세기의 종현鐘峴성당을 이룬다. 5세기의 시간과 대양을 넘어 온 사실이지만, 이 부적절한 교차는 적확한 고딕을 만들지 못한다.

한 세계와 다른 세계와 교접하며 끊임없이 잡종雜種을 만들어 간다. 그러면서 한 개체는 이웃으로 엮어지고 이웃의 이웃으로 확장된다.

입체상

역사로 보아도 교차는 세世로 벌어지고 계界로 확장되기에 입체상이다. 그리스 문물이 로마로 전이되고 비잔티움으로 옮겨진 서양성은 오토만 튀르크와 교차하고 북아프리카 이슬람이 스페인에 오르면서 기독교와 교접한다. 이것이 어떤 세世의 줄기 모양인데 마치 사과껍질을 끊어지지 않게 깎아 올린 스프링 벨트처럼 보인다. 그 밑에는 지중해라는 타원형의 계界가 있다.

콜럼부스가 인도로 알고 간 대륙, 서양은 이미 5000년 전부터 있던 이 구세계舊世界를 '신세계新世界 발견'이라고 한다. 그때까지 스페인과 남미는 서로 존재조차 몰랐지만, 원래 다 함께 있었다. 있음을 이해하면서 세계를 확장하던 시기가 지리상의 발견 시대이다. 아메리카에 사는 사람을 인디오라 하는데, 아시아에도 인도印度가 또 있으니 이중세계이다. 세계는 이 착오를 수정할 마음이 없다.

점차 지구는 힘에 있어서 열성劣性과 우성優性의 계로 갈라지고 지배와 피지배의 구조가 형성된다. 16세기 중남미에서 그리스도가 비라코차Viracocha와 케짤꼬아뜰Quetzacoatl을 연달아 이겼다. 그리고 패자敗者는 가톨릭 국가가 되었다. 그렇게 교차는 힘의 구조로 식민의 세계를 만들고 제국을 이룬다.

명明의 정헤(鄭和 1371년-1434)가 서쪽으로 항해를 떠난다. 한 큰 바다를 건너자 인도의 세계와 만난다. 다시 큰 바다를 건너 아라비아와 아프리카의 세계와 만난다. 여기에서도 서로 존재조차 모르던 세계 사이에 교차가 벌어진다. 교차는 목숨을 건 모험이지만, 교환을 이루기에 풍부해질 일이다. 내가 없는 것을 그가 갖고 있기 때문이다.

실크로드 위에서 2000년 전부터 아주 느린 교차가 시작됐다. 이 느림은 당唐, 송宋 즈음 전문 카라반이 조직되고 속도가 붙고 교환의 계를 넓혔다. 그들은 물산만이 아니라 불교와 이슬람을 교차시켰다. 튀르크에는 카라반사라이라는 빌딩타입이 생겼다. 중국에 회교回教가 정착되고 도시에는 회방回坊이라는 무슬림의 공간이 생겼다. 세계사에서 관계는 무서운 속도로 확장되고 그 가속도는 엄청나다. 이제 우리는 동시성 교차에 이른다.

계界

여자와 남자의 세계에서 구분은 절대적이지 않아서 흐트러지는 경계가 있다. 호모와 레즈비언이다. 이성 관계가 동성 관계나 확실한 것은 '대부분' 혼자

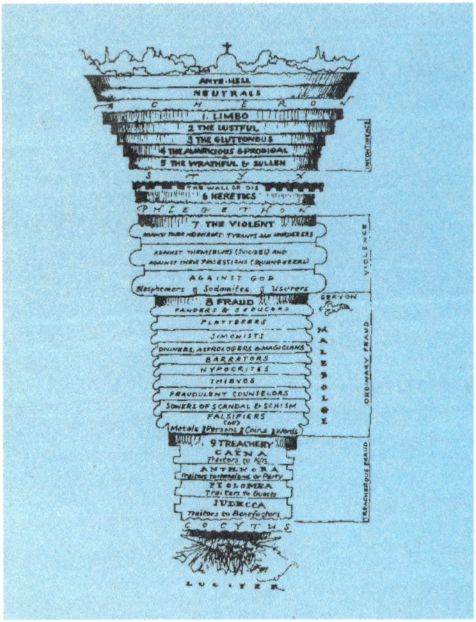

단테Dante의 지옥_바리 모세 Barry Moser(1941~) / C1980
이 지옥의 계층도는1420년경에 그려진 바르토코메오 Bartokomeo의 단테 지옥도를 패러디 한 것이다. 맨 위의 낙원이 있고, 그 밑으로 아홉 개 층의 지옥의 세계가 켜를 이루는데 밑으로 내려갈수록 혹독해진다.

하지 못한다는 사실이다. 여하튼 생산을 위해 교접하여야 한다. 그 교차가 사랑이다.

꿈의 세계가 사이버 세계로 떠오른다. 사이버 세계도 30년 전에는 존재하지도 않던, 조물주의 세계 창조 이후에 이루어지는 비물상非物象의 계일 것이다. 이미 예술은 수많은 세계를 만들어 왔다. 장르 마다 두드러지려는 노력이 있는가 하면 서로 교차하면서 퓨전이 생긴다. 소위 통섭統攝이다.

우리에게는 이승의 세계와 저승의 계가 있고 그 교차점이 종교이다. 거기가 피안彼岸인지 어둠의 세계인지는 교황도 모른다. 불교가 경영하는 천국-지옥계와 기독교가 경영하는 천당-지옥계는 다른가? 아니면 그중 하나는 가짜인가? 불자는 천당에 가고, 기독교인은 천국에 가고, 무슬림은 마호메트 곁에 가는지. 그 사이에 종교로 먹고 사는 경제가 부흥하면서 종교의 경계는 강건해진다.

삶과 죽음은 이어져 있다고 하지만, 그냥 쑥 들어가는 길은 아니다. 그 사이에 중간계가 있던지, 종착은 꽤 먼 여정 끝에 있다. 강을 넘고, 한참 돌아가야 하는 것은 시간을 지연시키기기 위한 배려이다. 죽어서 다음 계에 이르는 데에는

통도사_양산 / 극락보전 후면 벽화 / 용선은 저승에 가는 교통이며, 불교가 안내한다.

여러 겹 또는 과정을 삽입 시킨다. 한국에서는 사십구제 이전에는 아직 죽은 사실이 아니다. 그 여정의 중간이 긴 것은 죽은 자와 산자가 모두 안심이다.

조선의 불교에서는 이 여정을 위해 큰 배를 타야 하는데, 그 길이 멀고 험해서 용龍이 인도하는 용선이어야 한다. 인도의 힌두교도는 천국을 큰 바퀴 차에 얹혀 가는데, 사원의 스타일에서 바퀴는 중요한 수사이다. 인도 갠지스 강에 띄워 보내는 촛불 연꽃 배 디아는 죽은 자를 기원하러 가는 미디어이다.

건축가 김찬중이 2006년 베네치아 비엔날레에 출품한「마지막 집」은 죽은 자와 산자가 핸드폰으로 통화한다. 그 '일상의 대화' 에서 죽은 자는 산자를 위

이집트 콥틱Coptic 교도의 공동묘지 Necropolis/카이로
이 죽은 자의 마을은 산 자가 찾아와 그들과 시간을 보내며, 두 계를 교차하는 공간이다.

무하고, 사랑을 키워간다. 한강 곁인 듯 한 장소에 생태 조직같이 생긴 하얀 타워가 솟아 있는데 거기가 죽은 자의 정보센터이다.

아무리 그래도 우리에게는 아는 세계보다 모르는 세계가 더 많다. 그래도 아는 세계는 모르는 세계를 향해 확장하고 모르는 세계를 줄여간다. 그렇게 해서 문명의 교차는 세계를 계몽하여 간다.

영원히 모를지 모르는 세계도 있는데, 미지의 세계는 신비주의자들의 식탁이다. 아주 작은 세계micro도 있다. 나의 세계, 내 방의 세계, 히키코모리ひきこもり의 세계, 타자他者의 세계가 있다. 교차에 소통이 절대조건일 이유이고, 교차의 진정한 가치가 여기에서 발휘된다.

물상은 물상끼리 관계하고 추상은 추상끼리만 관계하는 것은 아니다. 추상과 물상이 교차하며 죽음과 삶이 교차하는 공간이 네크로폴리스necropolis이다. 죽음의 세계는 저 위에서 이 밑의 계로 통하기에 산 자와 죽은 자가 교환交驩한다. 이집트 콥틱교도는, 우리가 성묘하듯, 죽은 자의 동네 네크로폴리스를 찾아 죽은 자와 해후邂逅한다. 그래서 네크로폴리스는 할아버지의 집과 마을의 구조처럼 만든다. 비잔티움 사람들도 뒷동산에 집체적으로 죽은 자의 동굴 집들을 만드는데 겉은 고전풍의 궁실 모양이다.

몸은 우리가 지고 다니는 세계이지만, 최근 들어 그 계를 알기 시작했지만,

아직 모르는 것 투성이다. 몸을 아는 것과 병을 고치는 것은 통한다. 몸은 해부학적 구조로 이해되며, 정신계로 들여다보고, 존재로 말해지는 객주客主이이다

주관主觀계가 있고 객관客觀계가 있다. 이것은 통상 대립적 구도에 있다고 보았지만, 라이프니츠Gottfried Wilhelm Leibniz는 그것이 일의의사실이라고 말한다. 주관과 객관은 대척적인 관계가 아니라, 주관성은 객관성의 주름일 뿐이다. 세상에는 무수한 주름이 존재하는데, 그 주름을 펼 때 객관성이 넓어지고 주름을 촘촘히 접으면 주관이 깊어진다.

경계

계사이의 관계에 전제되는 조건이 오히려 경계이다. 교차는 경계로 인해 서로 '넘나듦'이 생기고, 경계의 해체에서 '섞임'이 생긴다. 경계는 다른 성질을 구분 짓는 구조이다. 한계限界는 갈 때까지 가보는 것이고, 임계臨界는 더 이상 어쩔 수 없는 경계인데, 여하튼 거기까지 가봐야 차이가 분명해진다.

그래서 경계의 가치는 이중적인데, 경계로 말미암아 피차의 관계가 편안하기도 하고 거북하기도 한다. 방어로서 평안해지고 장애로서 불편해진다. 동서

경계의 현상_Frank Gaylord Korean War Veteran Memorial, Washington DC 여기에서 산 자와 먼저 간 자의 경계는 수색대 병사들의 조각, 거울 대리석 벽, 주변 풍경 그리고 관자觀者가 합성된 이미저리로 이어진다.

독 국경은 1946년에 만들어져서 점점 견강해지더니 1991년에 갑자기 허물어졌다. 북X남한처럼 베를린의 경계는 피에 젖었었다. 그런데 정작 그 해체의 모습은 허무하다.

물상物象과 허상虛象의 경계는 현상이다. 지각perception으로 인지 현상이 벌어지고, 개념conception으로 존재 현상이 벌어진다.

1980 베니스 비엔날레 Biennale Di Venezia, 1980 / The Presence Of The Past / Architectural Selfportrait / John Blatteau / Paolo Portogesi

세世

세世는 앞뒤의 관계인데, 앞(미래) 보다는 뒤(과거)로의 구조가 더 구체적일 수밖에 없다. 예측보다는 회고가 더 쉽다. 역사란 사건의 시간적 관계는 원근법으로 그려진다. 다만 계 사이의 척도가 일정하지 않아 '먼 선명함' 이나, '가까운 흐릿함' 일수 있다. 통상적으로 과거가 미래를 말한다고 믿지만, 그것은 시간의 전이구조가 아주 단순했을 때의 이야기이다.

왜 지난 기억과 역사가 중요한가. 1897년 세제션Sezession은 분리를 행동했다. 그렇게 모던 건축이 역사로부터 떠난 50년 뒤, 아이러니처럼, 포스트모더니즘이 그 시간의 끈을 다시 묶는다.

선세초상先世肖像_ 淸 / 1644–1911 / 견본채색 183x199mm

여러 대의 조상들의 초상이 한 장소에서 그려져지지만 그려지는 시점(청대)의 복식을 입고 나온다. 이 초시간의 패션은 선세들을 동시성의 존재감으로 본다.

선대先代와의 관계를 보통 전승, 계승이라 하던 일이지만, 가끔 우리는 그 관계를 초시간적으로 한다. 노자老子가 현대건축에 큰 의미를 띠고 다가와 있다. 춘추전국시대 노자의 사유(BC 6-4C)가 2500년 후 까지 가치를 갖는 것은 어떤 계승이 아니라, 그 절대 가치가 시간을 점프해 온 것이다.

교차술

교차는 한자로 사귈 交로서 X자 모양이고, 叉는 깍지를 끼는 모양이다. 그러니까 교차는 구체적으로 끌어안는 일이다. 섞이어서 달라지고 이상해지고 좋아지고 새로워지고 망가지는 교차에는 방책이 많다.

문화교차는 저절로 이루어지기보다는 율律의 메커니즘이 있다. 교차는 어떤 사이에 무작정 주고받는 것이 아니라, 인시因是, 거래去來, 주장主張, 예관睨觀 등 의사意思의 경영 문제이다.

문화교차는 생태의 원리와 비슷하다. 문화는 유전되며, 섞이어 잡종을 만들고, 적자생존하며, 우성을 따라 진화한다. 기본적으로는 우성의 방향으로 유전자 전이를 이루지만, 어떤 변인變因이 작동하며 변종變種을 만든다. 스페인의 바로크가 추리게레스꼬Churrigueresco라는 장식조형의 유전자를 가지고 라틴아메리카에 전이되지만, 식민지의 건축 환경은 척박하다. 열악한 재료와 빈약한 구축 기술이 변인이 된다. 그로서 변방의 바로크는 건축 외관의 디테일을 대부분 생략하고, 대신 내부 장식에 집착한다.

필연적이거나 우연이거나 이종異種의 생성은 종의 다원성을 이루기도 하고, 토착종을 교란시키기도 한다. 뉴트리아(큰 입 베스)는 남아메리카에서 1985년 왔다. 파랑 볼 우럭(블루길)은 몰래 온 것이 아니라, 1973년 정부가 국민들의 단백질 공급을 위한 술책으로 수입한 어종이다. 한국의 가물치는 일본과 미국에 건너가 거기의 어류 환경을 어지럽힌다. 붉은 귀 거북, 황소개구리가 한반도에 번창함이 생태계의 큰 걱정이지만, 한국문화에서 외래어의 범람이나 마찬가지이다. 우성 문화의 지배 원리이다.

문화교차의 그물망 구조

세계의 세계에서 전적으로 자유로운 문화 개체는 존재하지 않으며 모든 지역문화가 하나의 그물망에 얽혀있다. 관계의 역학이 강한 부분에서는 망이 촘촘하고, 관계가 여리면 성글다. 어떤 중심문화의 지주支柱가 그물을 치켜 올리면 주변문화가 따라 올라간다. 포스트의 높이와 막구조의 영향 넓이는 비례한다. 중심문화에 주변문화가 준동하는 것이다. 그러나 이 그물망은 고정태가 아니어서 끊임없이 어떤 자극들에 의해 출렁인다.

계와 계 사이의 그물은 수평적이지만, 그 위에 세의 그물이 겹층을 자꾸 만든다. 그래서 지구를 덮고 있는 문화의 그물은 시간-공간의 다중망 구조이다.

계의 교차 구조

공간적으로 문화는 상위와 하위가 있고 주변과 핵심이 있다. 그 세력 관계에서 벌어지는 교차술이 항상 순한 것은 아니었다. 중세 이전 세계는 전쟁 같은 거친 관계가 일상이었다.

태평양의 고도孤島 Isla de Pascua는 스페인 사람이 부르는 이름이고, 원주민에게는 Rapa Nui '커다란 땅' 이지만, 통상 이스터Easter 섬이라 한다. 로베겐 Jacob Roggeveen이 1722년 부활절 날 '발견' 하였기 때문이다. 크리스마스

섬은 크리스마스 날 '발견' 되었다. 당시 우성이었던 서양이 지구의 나머지 문화를 대하는 태도가 모두 그런 식이었다.

1845년 조선 남해에 들른 벨처는 거문도를 보고 영국 해군성 차관을 기리기 위해 해밀턴Hamilton 항이라고 이름을 붙이고 갔다. 1846년 어청도에 오른 세실은 사먼 호 함장인 게랭 I.Guérin으로 명명하여 충정을 표시했다. 충청남도 서천 비인지구를 탐색하던 영국의 맥스웰은 이 '불친절한 해안' 에다가 바질만Basil's Bay라고 이름 붙이고 갔다. 조선의 바다 / 박천홍 / 현실문화연구 / 2008 그들은 이 '야만과 무지의 땅' 에 올라서도 어떤 존재감도 보려고 하지 않는다.

무력 교차 – 전쟁, – 소위 미션, 식민지 – 네 것도 내 것, 경제 교환 – 무역, 자발적 교차도 위에서 아래의 결로 흐른다.

유일하다고 믿는 존재는 절대 교차하지 않는다. 기독교는 물론 절대의 종교이지만, 사람의 세계에서 절대신은 여러 분파로 갈라졌다. 믿음 간의 교차가 어떤 사상事象보다도 어려운 것은 '사람들의 신' 이 되고나서 부터이다.

종교는 교환에 대해 완고하지만, 의외로 건축은 양식을 나눠 쓰는 태도에 넉

하기아 소피아 Hagia Sophia / Constantinople 또는 istanbul 중앙의 알코브가 성단(至聖所)인데, 메카와 예루살렘은 방향이 비슷하다. 그래서 모스크의 미라브(指聖所)가 그대로 성단을 차지한다. 오토만은 성당의 공간구조를 보존하며 모스크의 양식으로 삼았다.

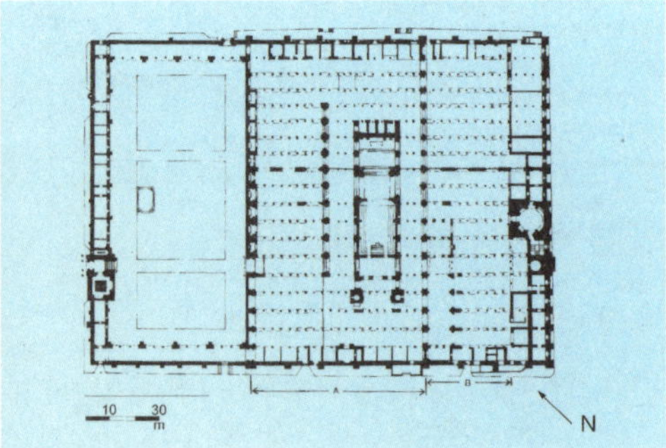

마스키따 까떼드랄 Mezquita-Catedral_꼬르도바 Cordoba 왼쪽 공간이 오렌지 파티오이고 오른쪽의 실내가 모스크 공간이었다. 기독교 회복 후에 성당이 그 중심부를 차지하며 두 종교의 존재감이 공존하게 되었다.

강화도 성공회 天主聖殿_전면 4칸에 측면 10칸의 장축에서 단변을 정면으로 함은 서양 성당의 구조이다. 한옥에서는 단변을 정면으로 하지 않는다. 외관의 전모는 한옥이지만, 내부의 공간은 바실리카식이다.

대한불교 조계종 원심선원 / 서울

넉하다. 비잔틴 문화의 절정인 하기아 소피아 Hagia Sophia, Constantinople가 오토만 튀르크에 의해 차미chami(모스크)로 전이되는 일은 의외이다. 오토만의 건축가 시난 Koca Sinan 1490-1588은 이 비잔틴 성당의 양식을 모델로 하여 터키식 모스크의 전형을 만들었다. 그리고 이 양식은 이슬람 국가들에 전파되었다. 스페인 꼬르도바의 마스키따Mezquita-Catedral는 안달루시아의 이슬람 시대 때 만들어진 모스크인데 기독교 회복 후 가톨릭 성당이 파고들며 이중 건축이 되었다.

조선에서의 가톨릭 미션에서 한옥으로 교회당을 지어야겠다는 발상은 오히려 특이하다. 대부분 제3세계를 식민지로 진출한 기독교 선교는 위풍당당한 유럽풍 성당으로 그 유일성을 과시하던 바에 비교하여 그렇다.

계몽성

더 나은 문화를 참조參照하며, 준거準據로 삼으며, 교차는 계몽의 성능을 발휘한다. 18세기 신고전주의는 고고학 진흥이 유발하는데, 당시 유럽 사회에서는 그랜드 투어Grand Tour라고 하는 역사관광이 상업화되기에 이른다. 이 기행은 단순한 이국적인 것에 대한 기호가 아니라, 유식하고 점잖은 사람이 되기 위한 수단이었다. 그 유명한 괴테의 「이탈리아 기행」도 이때에 쓰였다. 유럽에서 도나우 강 이남以南은 로마의 식민지였기에 '야만 독일'이 로마의 문명을 아는 것은 모태문화를 잊지 않는 것이다.

20세기를 프랑스 언어철학이, 상황주의가, 기호학이, 현상학이 현대건축을 바쁘게 한다. 왜 건축이 인문학을 기웃 거리는가.

아마 건축이 스스로 해결하지 못하고 있는(못하고 말) 근대주의의 도그마로부터 탈출책인지 모른다. 최소한 이원주의에 젖어 있던 시야를 확장하기 위해서 건축은 턱을 들어야 한다. 모더니즘 건축보다 현대건축가의 두뇌가 좀 더 고생한 결과, 과히 현대건축은 풍요해 졌다.

교차의 궁극

교차가 이루는 변인은 인류문명을 끊임없이 흔들고 경계는 무너지며 시간을 동시성으로 쓴다. 그 교차의 종국은 다원성인가 통합성인가. 현재문화에서 다양성과 세계성이 동시에 작동하는 것은 이 시대문화의 시간 성질이 짧고, 공간 깊이는 평편하기 때문이다. 다시 말해 문화의 다양성에도 불구하고, 급한 시간 동안에 평면적으로 확장된 다채로움이다.

문화 사조를 물줄기로 비유하건데, 지류를 수평적으로 확장한다면 범위는 넓어지지만, 그 수심들은 얕아질 수밖에 없다. 그것이 '통합의 가치'와 '다양한 가치'에서 선택을 가를 관점일 것 같다.

다원성

아직도 우리가 믿는 교차의 궁극적 가치는 문화의 다원성이다. 열심한 교차에 의해 아주 세분된 잡종의 세계가 가능하다. 그러나 그것은 여러 가지가 함께 하며, 중심과 주변이 같이 중요하며, 마이너리티 마저도 귀중한 조건에서, 거둘 다원성의 가치이다. 세계가 무수히 많은 문명 단위로 분지할수록 그 경계의 길

Star Wars 2 클론의 습격 / 2002 / George Lucas 감독 이 먼 미래의 세계는 비잔틴 양식과 오토만 양식과 안달루시아 바로크 등이 섞인 격한 잡종으로 그려진다.

이는 길어진다. 프랙털의 원리이다.

그런데 너무 심한 잡종은 종의 성질을 희석시키고 만다. 혼혈의 대륙, 라틴 아메리카에서는 극단적 잡종을 '비인종非人種'라 한다. 다시 말해 잡종의 거듭은 아무 것도 아닌 게 될지 모른다. 색의 혼합을 계속하면 흑색이 되고 만다. 이종성 마저 너무 잦은 헤테로토피아의 분화로 차이의 성질을 흐릿하게 한다. 어차피 얼마나 잡종이고 얼마나 순종인가는 중요하지 않다.

동태성動態性

우리는 혼종성을 석명하려 하지만, 종이라는 것 자체가 불안정한 상태이다. 끊임없이 크고 작은 만남, 충돌로 교차하면서 이루는 전이 작용은 정태적일 수 없다. 통합, 전파, 교차, 교환, 교통, 교섭, 교접, 통섭으로 문화의 운동 에너지는 속도와 질량에서 엔트로피 상태에 이른다.

문화의 관계구조에서 보아 교차란 충돌로 크로스 되고 마는 일이 아니다. 교환은 가지고 있는 것을 주고받는 거래와 같다. 교접은 육질이나 정신이거나 결합되는 상태이기에 관계도가 깊을수록 좋다. 교류는 섞이지만 물리적 작용인 것 같다. 교착은 섞이면서 작용이 멈출 만큼 긴장하는 상태이다. 교통은 이리저리 흐르는 일이기에 여기-거기라는 거리의 관계이다.

교차는 엮어지고 난 다음의 결과로 얻는 가치만이 아니라 끊임없는 동태상이며 과정상過程相이다. 역사만 놓고 보아도 쉼 없는 프로세스이다. 우리는 양식기라는 이름으로 역사를 몇 개의 단락으로 구분하려 하지만, 자의협약일 뿐이다. 바로크가 몇 년에 시작되어 언제 끝나는지는 모르는 세이고, 어디에서 어디까지 벌어졌는지 모르는 게이다.

한류가 한국경제를 홍분시키는 일이지만, 과실果實로 남겨질 부가가치는 아니다. 그것은 교차가 작동할 때 가치이다. 건축도 알 수 없는 경우 수만큼 통섭의 프로세스에 걸려 있는 사실이다. 건축은 결정 된 채 시작할 수 없고, 완성해 놓고도 소멸될 때까지 프로세스에 있다.

문화는 프로세스가 중요해지면서 교차상交叉相은 더 복잡해진다. 여러 변인의 복합성 때문에 불확정성에 있고, 시간이 작용하며 유동성에 있고, 프로세스 상태이기 때문에 부동성浮動性에 있다.

현대문명은 교차를 진보의 수단이라 하지만, 너무 빠른, 너무 잦은, 너무 확장된, 너무 근친의 이종 교차는 유전자를 교란한다. 복합은 모순조차 엮으려 한

Centro Cultural Palacio de la Moneda / Santiago, Chile
이 근대 미술관의 아트리움을 꽉 채운 오브제는 세계 각국 사람들의 머리카락으로 직조한 만국기이다.

다. 문화는 결국 현상체가 될 것이다.

하얀 종국

한국 사람들은 곧 백인종이 될 것이다. 음식의 서양화, 패션, 특히 미백美白 화장의 엄청난 진보, 햇빛을 거부하는 신경질적인 반응으로 말미암아 그렇게 된다. 흰색에 대한 절대적인 신앙심은 원형질을 버리고 변태를 이루고 말 것이기 때문이다. 이 백색에 대한 희구는 아시안도 그렇고 마이클 잭슨도 그랬다.

이 모든 세계가 지독한 교차를 거듭하면 종국에 백색白色이 되고 만다. 국제주의이다. 1932년에 헨리 러셀 히치콕Henry Russell Hitchcock가 도모하던 뜻이 이 교차의 궁극에서 구현될지 모른다. 물론 현재의 양태는 다르지만, 무취無臭의 통합 세계를 향하는 것은 마찬가지이다.

문화상대주의마저 쇠멸된 다음, 세계는 커다란 한 솥 안에서 두루두루 교반攪拌하고 있다. 국가와 지역을 넘어 문화권 Cultural Circle, 문화영역 Cultural Area 이라 하면서 경계를 흐린다.

현대는 그나마 교차의 몇 가지 조건, 거리, 시간, 공간이 쇠미해지고, 언어는 에스페란토를 다시 꺼내며, 무엇보다 개별적 가치가 회색이 된다. 섞이며 분화를 거듭하면서 世와 界의 차원이 흐릿해진다는 것이 교차의 비극론이다.

모태母胎 건강설

다만 문명의 생태에서 믿을 만한 구석 하나가 문화의 자정自淨 능력이다. 이기적 성질 때문이다. 종의 교합에서 유전자 전이가 벌어지지만, 그 때 종자의 우성보다 중요한 것이 모태의 건강이다. 우성은 천연의 운명이 아니라, 섭생 능력에서 나온다.

문명의 통합성과 차별성은 모순의 관계이지만, 상대성으로 욕구를 조정한다. 우리는 문화 소외를 벗어나기 위해 세계와의 근린성을 키우지만, 너무 높은 근린 밀도는 다시 소외를 욕구하며 적절한 밀도를 유지하려는 생리에 있다. 불안한 개별이 통합을 이루고, 통합을 경계하며, 개별이 유지된다. 우리의 눈이 메뚜기 겹눈이 되어야 하는 이유이다.

문화 교차의 궁극에 다원의 풍요를 누리는가(낙관), 아니면 백색종의 통합으로 치닫는가(비관). 물론 문명이라는 것이 이분적 선택에 있는 것은 아닐 것이고, 어떤 건강한 대안들을 찾을 일이 이 「문화교차」 프로젝트로서 기회이다.

프로세스로서의 건축과 익스팬션으로서의 문화

ARCHITECTURE AS PROCESS, CULTURE AS EXPANSION

문화교차와 혼종성을 다시 생각한다

한 / 경 / 구 서울대학교 자유전공학부 교수

문화는 흔히 공유된 가치나 행동패턴으로 이해되고 있지만 '공유된 무관심'이기도 하다. 하나의 문화속에서 태어나서 성장한다는 것은 그 문화의 가치와 행동패턴을 내면화하는 과정이며 이를 통해 우리의 삶이 풍요해지기도 하지만, 다른 한편으로는 그 문화가 강조하거나 고취하지 않는것들에 대한 우리의 잠재력, 관심, 욕망의 억제와 상실을 의미하기 때문이다. 문화는 우리로 하여금 삶의 방식을 너무나도 자연스럽게 당연한 것으로 여기게 만들며, 그리하여 우리는 의심도 하지않고 질문도 하지않게 된다. 문화란 당연하게 여기게 되는 것, 질문 못하게 하는 것, 침묵하게 만드는 것임과 동시에 그것을 알면서도 "왜"라는 질문과 이의제기를 행하는 것이다.

한경구 | 서울대 인류학과 및 동 대학원을 졸업하였고 대학원 국사학과에서 수학하였다. 미 하버드대학 인류학과에서 일본의 중소기업을 현지조사하여 작성한 Company as Community라는 논문으로 박사 학위를 받았다. 강원대 인류학과와 국민대 국제학부를 거쳐 현재 서울대 자유전공학부 교수로 재직하고 있으며 환경운동연합 정책위원장을 역임하였다.

안녕하세요? 국민대 건축학부 제13회 트리엔날레에 초대해주셔서 감사합니다. 제가 제1회 때, 그러니까 국민대 국제학부에 재직하고 있을 때에도 강연을 했었는데 이렇게 또 불러주시다니 아마 그때 합격점을 받았던가 보다 하고 혼자 좋아하고 왔습니다.

이번 트리엔날레의 주제가 '문화교차' 라고 해서 저도 좀 멋있는 강연 제목을 생각하다가 "Process로서의 건축, Expansion으로서의 문화" 라고 해 보았습니다. 제1회 때에 "프로세스로서의 건축" 을 말씀 드리면서 시간 속에서 건축을 생각할 것을 강조했기 때문에 이번에는 공간을 중심으로 문화와 건축을 생각해 보자는 의미에서 익스팬션(Expansion)이라는 단어를 선택했습니다. 그리고 문화교차를 논의하기 위해 혼종성(Hybridity)라는 개념을 사용할까 합니다.

먼저 건축에 대하여 생각해본다면, 건축은 흔히 공간(Space)의 예술이라 합니다. 과연 근대건축은 공간의 예술을 자처하고 있습니다. 공간에 집중하고 있는 건축은 시간을 어떻게 취급하고 있을까요?

저는 건축은 시간 속에 존재하는 것이라 강조해왔습니다. 건물은 완공되는 것으로 끝나는 것이 아니라 계속 사용되는 것입니다. 원래 무슨 이유로 그러한 장소에 그러한 형태를 갖고 그러한 재료를 사용하여 지어졌던지, 일단 지어진 다음에는 원래의 목적과는 달리 다른 사람들에 의해 다른 용도로 사용되기도 하고 또한 변형이 일어나기도 합니다. 옆에 무엇이 지어지거나 사라지는가, 도로나 수로가 어떻게 연결되거나 확장되거나 차단되는가에 따라 또한 달라질 것입니다. 기술의 발전, 남녀 관계의 변화, 계급 관계의 변화, 새로운 자원의 발견, 사람의 이동 등도 커다란 영향을 미칠 것이며 그러한 가운데에 건물은 계속 사용되겠지요.

이렇게 건축은 시간 속에 존재하는 것을 디자인해야 한다는 의미에서 '프로세스로서의 건축, 프로세스로서의 도시'라는 표현을 사용해 보았던 것입니다. 건축은 일회성의 사건, 즉 이벤트(Event)가 아니며 따라서 공간에 매몰되면 곤란할 것입니다. 건축물과 공간은 역사, 변화하는 여건과 수요를 담아낼 수 있어야 할 것입니다. 건축은 시대의 반영이면서도 시대를 넘어서야할 것입니다. 즉, 시간을 생각하는 공간 디자인이 되어야겠지요.

이제 익스팬션으로서의 문화에 대해 말씀드리겠습니다. 문화 이해에서 공간은 매우 중요합니다. 무엇보다도 문화를 설명하고 이해하는 고전적 방식의 하나가 공간이기 때문입니다. 예를 들자면 문화의 전파는 지리적 공간 속에서 문화요소의 이동에 관심을 갖는 것입니다. 트리엔날레의 주제인 '문화의 교차' 역시 공간 속에서 상이한 문화가 만나는 것을 의미합니다.

공간이 문화에 대한 이해를 압도하고 있다는 것은 다음의 용어들을 살펴보면 뚜렷이 드러납니다. 먼저 '문화의 패턴' 이라는 미국 인류학자 루스 베네딕트(Ruth F. Benedict)의 용어는 문화적 특징들의 가시적인 배열, 즉 공간 속에서의 배열을 상정하고 있습니다. 마치 옷감의 무늬와도 같은 이미지에 호소하여 문화를 이해하는 방식입니다.

문화생태학을 제창했던 쥴리앙 스튜어드(Julian Steward)의 문화핵심(Culture core) 개념 또한 공간적인 이미지를 가지고 있습니다. 마치 사과와도 같이 하나의 문화는 생계의 유지와 관련된 핵심과 이를 둘러싸고 있는 주변적인 것들로 이루어져있다는 것이지요.

하부구조와 상부구조라는 마르크스주의자들의 사회와 문화에 대한 이해 역시 공간적인 이미지를 사용하고 있습니다. 건물이라면 땅 위의 상부구조는 땅 속의 토대에 의해 궁극적으로 결정되고 제한된다는 것이지요.

앞서 언급했던 전파주의의 경우 프리츠 그래브너(Fritz Graebner)나 빌헬름 슈미트(Wilhelm Schmidt)는 문화권(文化圈, Kulturkreis, Culture Circle) 개념을 사용했는데, 이러한 원들은 물론 공간의 이미지를 활용한 것입니다. 미국의 역사학과 문화인류학자들 역시 문화영역(Culture Area) 개념을 사용하면서 공간적 이미지에 호소했습니다.

세계화에 대한 역사학과 사회과학적 이해는 모두 공간의 팽창에 주목하고 있습니다. 팽창은 소위 지리상의 발견, 대항해시대, 교역의 확대, 식민지배의 확대, 자본주의의 확산 등을 의미합니다. 유럽의 확대는 곧 유럽문화의 확대라는 이미지를 가지고 있습니다. 세계체제론이란 결국 유럽 중심의 시스템의 확대이며 근대의 역사란 이러한 시스템에 비유럽 세계가 편입되는 과정이기도 합니다. 종속이론이 상정하고 있는 중심과 주변 또한 의존 관계를 공간적 이미지를 사용하여 표현하고 있는 것이지요.

이제 문화교차를 살펴볼까요? 문화교차는 횡단문화적(橫斷文化的) 연구와 유사한 의미로 사용되기도 하고 전혀 다른 의미로 사용되기도 합니다. 문화교차는 때로는 비교문화라고 번역되는 Cross-cultural comparison 내지는 Cross-cultural studies라는 의미로 사용되기도 하지만, Crossing of Cultures라는 의미로 사용되기도 합니다.

문화교차가 후자의 의미로 사용될 때 이는 문화와 문화의 만남 또는 충돌을 의미합니다. 문화교차 개념은 문화를 공간적으로 표현하고 있습니다. 또한 문화가 도로나 운동처럼 궤적을 갖는 움직임이라 가정하고 있습니다. 하나의 문화가 다른 문화와 뚜렷이 공간적으로 구분된다고 가정한다는 점에서는 비교문화, 또는 횡(단)문화적 연구 역시 마찬가지입니다.

미국의 윗슬러(C. Wissler)나 크로버(A. Kroeber) 등 역사주의 문화인류학의 문화영역 개념과는 상당히 다르지만 사뮤엘 헌팅턴(Samuel Huntington)의 문화영역 개념 또한 공간적, 지리적인 것으로서 세계화의 진전과 더불어 문화의 공간적 이해가 다시 주목을 받게 되었다고 할 수 있겠습니다.

이러한 문화의 공간적 이해, 다시 말하자면 문화가 마치 지리적 · 공간적으로 명확히 구분되는 것처럼 문화를 이해하는 방식은 혼종성(Hybridity) 개념과는 긴장 관계에 있다고 할 수 있겠습니다. 혼종성은 주로 포스트콜로니얼 이론 등에서 사용되고 있는데, 원래는 생물학에서 기원된 개념으로서 언어학을 통해 확산된 것입니다. 기본적으로 서로 다른 것들이 합친 것이라는 의미를 가지고 있는데, 처음에는 일종의 본질주의적 Essentialist 사고와 관행인 인종주의(Racism)에 대한 반대로 사용되었다고 합니다.

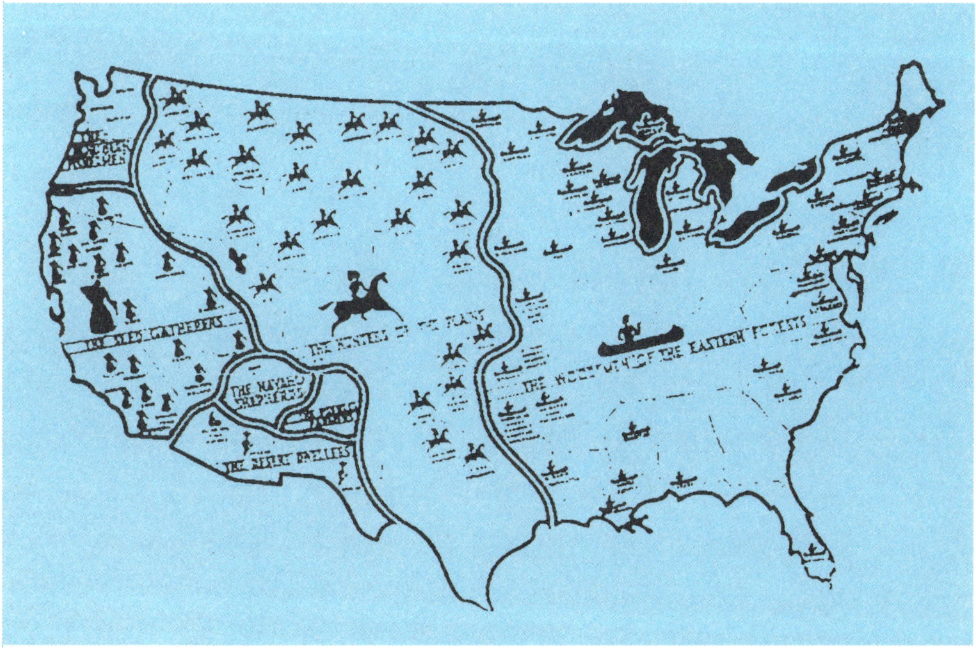

미국의 문화영역 – Clark Wissler

그러나 이 용어 자체도 문제를 안고 있습니다. 혼종이 되려면 일단 종(種)의 존재를 전제해야 하기 때문입니다. 현대 생물학에서는 '종' 이라는 것 자체도 그리 안정적이지 않다는 점을 지적하기도 합니다.

이와 관련해서 일찍이 가토 슈이치(加藤周一)라는 일본의 문학평론가가 잡종문화론을 전개한 바 있습니다. 소위 니혼분카론(日本文化論)의 하나인『일본문화의 잡종성 (日本文化の雜種性)』(1955)에서 가토는 일본 문화가 중국과 서구의 차용과 모방에 불과하며 오리지널한 것이 아니라는 비판에 대해 오히려 역습을 가했습니다. 일본의 문화는 근본적으로 잡종적이기 때문에 오히려 더욱 좋다는 주장입니다. 동물의 경우도 잡종이 순종보다 더 생명력이 있고 아름다운 사례가 많듯이 순수하지 않다고 하여 열등한 것도 아니라면서 잡종성을 예찬했던 것입니다.

이제 이렇게 공간적으로 뚜렷이 분리되는 이미지를 갖고 마치 하나의 순수한 '종' 인 것처럼 간주되는 문화는 도대체 어떻게 등장한 것인지 살펴보도록 하겠습니다. 오늘날 우리가 사용하고 있는 이러한 문화 개념은 근대 학문으로 등장하는 인류학의 중심 개념이기도 하며 문명 개념과는 구분되고 있습니다. 학교에서는 가끔 시험에도 나옵니다. 문명 개념은 도시의 성립이나 물질적·기술적 성취와도 밀접한 관련을 가진 것으로 간주되었기 때문에 당대의 소위 "미개사회" 에는 적용하기 곤란했었겠지요. 그리하여 문명이라는 용어는 고대 그리스와 로마, 중국, 인도 등에 대해서 사용되었습니다. 한편 문화는 보다 정신적인 것 또는 내적으로 가치가 있는 것 등을 지칭하는데 사용되어왔습니다. 때로는 서로 혼용되기도 했습니다.

인류학의 아버지라 일컬어지는 타일러(E. B. Tylor)는 사실 문명 개념과 문화 개념 사이에서 망설였던 것 같습니다만, 대부분의 인류학자들, 특히 미국의 인류학자들은 문화 개념을 중심적 개념으로 채택하며 미국 인류학은 문화인류학(Cultural Anthropology)라 불리기도 합니다.

일본의 니시카와 나가오 교수는 제가 번역한『국경을 넘는 방법』이라는 책에서 문화와 문명 개념을 명확히 정리한 바 있습니다. 즉, 문명(civilisation, civilization)은 국민국가 프랑스의 이데올로기이며 문화(Kultur, culture)는 국민국가 독일의 이데올로기라는 것입니다. 프랑스는 일찍 국내적 통일을 이루었고 국민국가를 건설했습니다. 기술적 진보와 경제적 풍요를 누리는 군사강국으로서 유럽의 선진국입니다. 문명은 civis(시민), civilis (시민의/ 예의 바른), civitas(도시) 등과 어원적으로 관련이 되며 고대 그리스의 도시국가와 로마제국의 이념을 어느 정도 반영하고 있기도 합니다. 무엇보다도 여기에는 프랑스 계몽주의 철학의 이념, 즉 이성, 진보, 행복의 추구 등이 담겨있습니다.

한편 당시의 독일은 정치적으로 분열되어 있었고 사회경제적으로도 낙후되어 있었습니다. 국민국가의 건설에 노력하였으나 여러 난관에 봉착하고 있었습니다. 비록 프랑스 같은 선진국에 비해서는 물질적, 기술적으로 낙후되어 있었으나 정신적으로는 프랑스에 못지 않다는 자부심이 등장하게 됩니다. 교양과 교육, 능력의 육성이라는 면에서 Cultura(경작)을 의미하는 Kultur가 강조됩니다. 칸트는 야만의 반대로서 문화를 강조하였고 도덕성의 함양을 통해 인류는 완성될 수 있다고 보았습니다.

독일의 지식인들은 프랑스에 경도되었던 궁정의 문명에 대한 비판으로서 독일의 문화를 강조하기 시작했습니다. 이들은 독일의 진정한 문화는 프랑스 문명에 경도된 귀족이 아니라 농민, 즉 민중이 보유하고 있다고 믿었습니다. 프랑스처럼 화려하거나 기교가 뛰어난 것은 아니지만 정신적 가치가 있다는 것이었지요.

독일에서 등장한 문화 개념의 매력은 물질이나 기술의 차원에서 또는 기교나 세련도는 낮더라도 정신적이나 도덕적 측면에서는 오히려 더 나을 수도 있다는 점에 있습니다. 문화 개념을 후진국 독일에 적용할 수 있다면 이는 소위 "미개사회"에도 적용하여 "미개문화(primitive culture)"라는 개념도 성립가능하다는 이야기가 됩니다.

이러한 문화에 대한 이해와 함께 등장한 문화상대주의는 여러 인간집단의 정신적 성취와 가치는 그 자체로서 이해해야 하며 선진국의 척도로 비교하거나 평가하는 것이 부당하다는 주장인 것입니다. 윤리적 상대주의라기보다는 문화를 이해하는 일종의 방법인 셈이지요.

아무튼 이렇게 독일의 Kultur개념과 문화인류학은 깊은 관련을 맺고 있습니다. 선진국 프랑스의 보편적 문명에 대항하여 물질적 기술적으로는 낙후되었으나 독특하고 고귀한 정신적 가치와 성취가 가능하다는 독일의 문화 개념은 불의 사용, 토기의 사용, 문자의 사용, 활과 화살의 사용 등 몇 가지 공통의 척도를 가지고 수많은 인간집단을 보편적인 문명발전의 단계에 배치하려던 진화주의적 시각에 반대하여 서로 비교할 수 없는 각기 독특한 가치를 가진 삶의 방식들을 그 자체로서 이해하고 존중해야 한다는 새로운 인류학의 시각과 일맥상통했던 것입니다.

다만, 인류학적 문화 개념이 널리 보급되는 과정에서 국가의 이데올로기로 출현한 문화개념으로부터 국가라는 틀이 제거되는 상황이 발생하게 되었다는 점을 니시카와는 예리하게 지적하고 있습니다. 대개 당시에는 상대적으로 고립되고 변화의 속도가 느린 것으로 간주되었던 소규모의 사회를 인류학자들이 주로 연구했기 때문이라 할 수 있겠습니다.

문화 개념에서 "국가의 제거"는 한편으로는 인류학을 근대과학으로 성립시키기 위해 필요한 절차였을지도 모르지만 다른 한편으로는 문화개념이 내포하고 있는 국가 이데올로기적 측면에 대한 감도(感度)를 둔화시키는 결과를 초래하기도 했습니다.

그러한 결과는 유네스코의 문화유산에 대한 태도에서도 나타나고 있습니다. 문화유산(Cultural Heritage)은 공유할 수 있는 것입니다. 개인이나 집단이나 모두 복수의 아이덴티티를 가질 가능성이 있습니다만, 대부분은 문화유산을 특정 국민국가가 소유하는 것처럼 생각하고 있습니다.

유네스코 세계유산 협약 (UNESCO World Heritage Convention, 1972)에 비해 훨씬 더 진보된 것으로 평가를 받고 있는 무형문화유산협약 (International Convention for the Safeguarding of the Intangible Cultural Heritage, 2003) 역시 여전히 문제점을 안고 있습니다. 하나의 문화유산이 하나의 국민국가의 것이라는 전제는 변함이 없고 문화유산과 주민과의 관계에 대한 관심은 여전히 부족합니다. 문화유산은 적어도 법적인 측면에서는 재산처럼 간주되고 있습니다.

많은 문화인류학자들이 맹목적인 민족주의를 강력하게 비판하고 있습니다만 다른 한편으로 볼 때 현대의 民族主義는 문화 개념에 의존하고 있다고 해도 과언이 아닐 것입니다. 문화인류학자는 상대적으로 고립되어 있고 규모가 작으며 변동이 심하지 않다고 여겨졌던 사회를 주로 연구했기 때문에 문화 또한 당연히 통합되어 있다고 간주했습니다.

한편 민족주의 역시 국가와 민족의 레벨에서 문화의 통합을 강조하고 있으며 내부의 다양성과 차이에 대해서는 관심이 부족한 것이 사실입니다. 문화인류학과 민족주의 모두 상호배제적인 문화 개념의 보급과 확산 과정에서 중요한 역할을 했으며 또한 그 산물이기도 합니다.

여기에서 잠깐 미국의 인류학자 로위(Robert Lowie)의 문화에 대한 견해를 살펴볼 필요가 있습니다. 오늘날에는 별로 읽히지 않습니다만 로위는 문화의 이해, 특히 문화의 경계와 관련하여 매우 중요한 이야기를 했습니다. 로위는 문화가 마치 누더기처럼 여러 다양한 요소로 이루어져 있지만 (a thing of shreds and patches), 문화는 형상(形象, configuration, Gestalt) 또는 패턴(pattern)을 가지고 있다는 점에 주목했습니다. 문화와 문화의 경계는 단순하거나 명확한 것이 아니며 다층적이며 겹쳐있고 또한 상호침투(相互浸透)하고 있다는 점을 강조했습니다.

이러한 시각에서 볼 때 문화의 統合(cultural integration)은 문화의 傳播(diffusion)와 긴장관계緊張關係에 있게 됩니다. 루스 베네딕트가 니체를 원용하여 '아폴론적' 이나 '디오니소스적' 이라 특징짓기도 했던 문화의 형상configuration이란 그리 안정적인 것은 아니라는 것이지요. 문화의 형상은 일시적인 것, 변화하는 것이라는 견해입니다.

이러한 긴장관계를 고려할 때 국민국가가 문화의 단위라는 것, 즉 독일에는 독일문화가 있고 프랑스에는 프랑스문화가 있으며 일본에는 일본문화가 있고 중국에는 중국문화가 있다는 너무나도 상식적인 이야기 자체가 사실은 대단히 큰 문제가 있는 가정이라는 것을 알 수 있습니다. 과연 문화의 주체는 국민국가일까요? 유네스코의 문화다양성협약과 선언은 명확하게 말하고 있지는 않지만, 실질적으로 국민국가가 문화 또는 문화유산의 주체라 가정하고 있습니다.

이러한 인식은 국민국가의 경계가 문화의 경계로 간주되는 동아시아에서는 심각한 문제이기도 합니다. 개인은 물론, 주민 또는 지역공동체 또는 소수민족은 문화 및 문화유산의 주체로 인정되지 않고 있습니다. 소수민족의 문화는 국민국가의 문화의 일부분으로 간주되고 있을 따름입니다. 소수민족의 문화유산을 국민국가가 등록하도록 하고 있는데 이는 공식적으로 이러한 가정을 인정하는 것이 아닌가 합니다.

현대의 국민국가는 문화공동체로서 인식되고 있습니다. '국민' 이라 번역할지 '민족' 이라 번역할지 논란이 많은 용어인 네이션(nation)을 상상된 공동체(imagined communities)라고 하지만, 혈통이나 언어의 공유라는 신화가 무너져도 문화의 공유라는 주장은 여전히 힘을 발휘하고 있는 듯합니다.

그러나 문화국가로서의 국민국가 또한 근대에 만들어진 전통(invention of tradition)입니다. 想像된 共同體인 네이션은 국경의 내부에서는 국민문화를 공유하면서 이웃의 국가와는 상이한 문화를 가지고 있습니다. 국민의 아이덴티티는 당연하고 자연적인 것처럼 보이고 있지만 사실은 매우 논란의 여지가 있는 것입니다.

문화는 흔히 공유된 가치나 행동패턴 등이라 이해되고 있습니다. 그러나 저는 문화를 오히려 '공유된 무관심' 이라 정의하고자 합니다. 하나의 문화 속에서 태어나서 성장한다는 것은 그 문화의 가치와 행동패턴을 내면화하는 과정이며 이를 통해 우리의 삶이 풍요해지기도 하지만 다른 한편으로 이는 그 문화가 강조하거나 고취하지 않는 것들에 대해서는 우리의 잠재력을 억제하거나 상실하고 관심과 욕망을 억제하게 된다는 것을 의미하기도 합니다. 문화는 우리로 하여금 우리의 삶의 방식을 너무나도 자연스럽고 당연한 것으로 여기게 만들며 그리하여 우리는 의심도 하지 않고 질문도 하지 않게 됩니다.

많은 사람들은 자신의 문화에 순응하면서 그런대로 만족하며 살아갈 수 있지만, 일부 사람들은 자신의 문화를 억압적인 것으로 느끼게 됩니다. 루스 베네딕트는 '정상과 비정상'에 관한 논의를 통해 하나의 문화에서는 비정상으로 간주되는 사람이 다른 문화에서는 정상으로 간주될 수도 있다면서 문화의 바로 이러한 억압적 측면을 지적하기도 했습니다.

우리는 국민국가 속에서 살고 있습니다. 우리는 우리의 문화에 익숙해져 있고 우리가 습득한 문화 속에서 무언가를 만들어 내려고 노력합니다. 우리가 우리의 문화라고 간주하는 것들에 대해 애착을 갖고 있기 때문에 소위 '문화유산'은 우리의 문화 활동에서 매우 중요한 지침으로 또한 영감의 원천으로 작용하기도 합니다. 그러나 이러한 문화유산 역시 과거의 특정 시대와 장소에 살았던 사람들이 만들어낸 것인데, 그것을 만든 사람들도 과연 오늘날의 우리들처럼 '우리의 문화유산'이라는 생각을 가지고 있었을까요? 그것을 만든 사람들은 "우리의 문화"를 만들려고 했던 것일까요?

문화를 만들어내려는 노력은 나름대로 그 사람들에게는 의미를 가질 수도 있습니다. 그러나 그러한 문화가 원래부터 존재한다고 생각을 했다가는 굉장한 실수를 하고 있는 것이겠지요. 그래서 마치 문화가 자연스러운 것처럼 이야기하는 것, 이것이 문화의 굉장히 중요한 현대적 역할 중의 하나라고 하는 것입니다.

그래서 다시 문화유산 얘기로 가자면, 이것은 국민국가의 것이 아닙니다. 예를 들어보겠습니다. 많은 분들이 건축학도로서 기왕이면 한국적인 건축을 하고 싶다고 합니다. 그런데 현대의 한국적인 건축은 불국사를 들여다보거나 조선시대 한옥을 들여다본다고 지을 수 있는 것이 아닙니다. 콘크리트로 빌딩을 지으면서 거기에 한옥 지붕을 올린다고 한국건축 되는 것이 아닙니다. 그러다가는 김포공항 건물 같은 문제가 생깁니다. 규모가 커지면서 지붕이 너무 무겁고 비도 새고……

아니지요. 조선시대에 조선건축을 한 사람들은 조선시대 건축을 하겠다고 나서서 한 것이 아닙니다. 당대에 구할 수 있는 재료를 가지고 당대에 가장 필요한 요구를 만족시키기 위해서 당시의 기호라던지 사람들의 행동패턴 같은 것들을 고려하면서 제시했던 일종의 솔루션이었던 것이지요. 그러다보니까 우리가 자랑하는 아름다운 추녀 선(線)도 나오고 그런 겁니다.

그런데 서초동의 무지개 아파트였던가요? 10층짜리 철근 콘크리트 아파트 위에다 기와처럼 생긴 타일인지 무언지를 꼭대기에 쪼로록 붙여놓고 한국적이라구요? 이건 아닌 것이지요.

한국적인 것을 만들려고 할 때, 그런 모티브를 넣는다고 한국적인 것이 되는 게 아니라는 점이 중요합니다. 여러분들은 조선시대 것만 가지고 올 수 있는 것이 아니라 고대 그리스도 가지고 올 수 있고 로마도 가지고 올 수 있고 유럽도 가지고 올 수 있습니다. 중국도 있고 일본도 있고, 어디서나 다 배울 수가 있습니다. 그 모든 것이 여러분들의 것입니다.

다만 여러분들이 한국에서 활동을 한다면, 여러분들은 한국인을 위한 건물을 지어야 합니다. 한국인들이 생활하고 있는 집을 여러분들은 생각해야 합니다. 한국사람들이 어떻게 행동하고 있는가를 알아야 합니다. 한국사람들, 미국사람과는 행동하는 것이 굉장히 다르지요. 물론 몇 십 년 지나면 그것도 또 바뀝니다만.

그런 것 무시하면 굉장히 고생하게 됩니다. 과거에 병원을 짓는데 병원에 병상이 몇 개니까 엘리베이터는 몇 개 있으면 된다... 이런 식으로 서양 기준을 그대로 적용했었다지요. 그렇게 지었더니 병원에 엘리베이터가 초만원이라 엉망진창이 되었지요. 왜? 서양은 그 정도면 충분했던 것입니다. 그런데 한국은 어떠가요? 병실에 가족들, 보호자들이 와서 살다시피 하지요. 면회도 많이 오고. 그러니 엘리베이터가 턱없이 모자라는 것이지요.

공항도 그렇지요. 비행기 타고 다니는데 익숙해진 사람들과 비행기 한번 타고 외국 나가는 것이 대단한 일인 나라와는 공항 로비가 달라져야겠지요. 누가 외국 간다고 하면 우리나라도 60년대, 70년대에는 20-30명씩 환송 나왔었지요? 공항 이용 방식이 다르니 구조도 달라야만 했던 것이지요.

즉, 우리나라는 기후가 다르고 행동방식이 다르고 쉽게 구할 수 있는 재료가 다르고 고민이 다른 것이지요. 그런 것들을 감안해서 여러분들이 최선의 솔루션을 만들면 그게 한국적인 것이 되는 것이지요. 한국적인 것은 무엇일까 라는 것을 찾아서, 반만년 유구한 한국의 역사에 면면히 이어 내려오는 그 무엇을 찾아서, 한국건축의 특징은 이것이었다 하면서 그것을 현대 건축에 집어넣었다고 해서 그것이 한국적이 되는 것은 아닌 것이라는 겁니다. 전통을 구성하는 요소는 얼마든지 빌릴 수 있는 것입니다. 우리의 전통도 사방에서 빌리고 베껴온 것들 투성이입니다. 그것을 가지고 어떤 솔루션을 만드는가, 그게 중요하겠지요.

이와 관련하여 일본이 어떻게 해서 소위 일본문화라는 것을 만들어 냈는가 하는 이야기를 하겠습니다. 문화라는 용어 자체가 물론 문치교화文治教化라는 용어가 있었습니다만 – 한漢나라 때 – 지금의 문화와는 전혀 다른 개념이지요. 문화는 영어의 culture를 번역하기 위해서 메이지시대에 선택된 용어입니다. 일본 사람들이 고심을 하다가 결국 culture에는 문화라는 말을 쓰기로 하고 civilization에는 문명이란 말을 쓰기로 했습니다.

일본은 일본 국내 그리고 동아시아 지역에 있는 중국이나 조선에 대해서는 과거와는 반대로 야만 취급을 하였고 문명화文明化 (civilizing) 작업의 대상으로 삼았습니다. 소위 문명개화文明開化의 시대였던 것입니다. 천황이 서구문명을 들여와서 위로부터 문명화를 추진합니다. 천황이 머리를 깎고 천황이 우유를 마시고 천황이 고기를 먹고 천황이 양복을 입는 것입니다. 일본문화, 소위 일본적인 것의 중심인 천황이 이렇게 문명화 작업을 합니다. 그런데 서구에 대해서는 일본이 문화(독일인들이 영국과 프랑스의 civilization에 대항하여 내세웠던 Kultur)를 강조합니다. 즉, 독자성과 특수성을 강조하는 것이지요. 그 대표적인 노력이 지금 보시게 될 다도茶道와 무사도입니다.

차를 마신다는 것이 어떤 것인가? 우리 국민대학도 자랑하고 있는 한국의 차문화가 있지만, 일본의 다도를 다룬 이 책, The Book of Tea (茶の本)는 일본

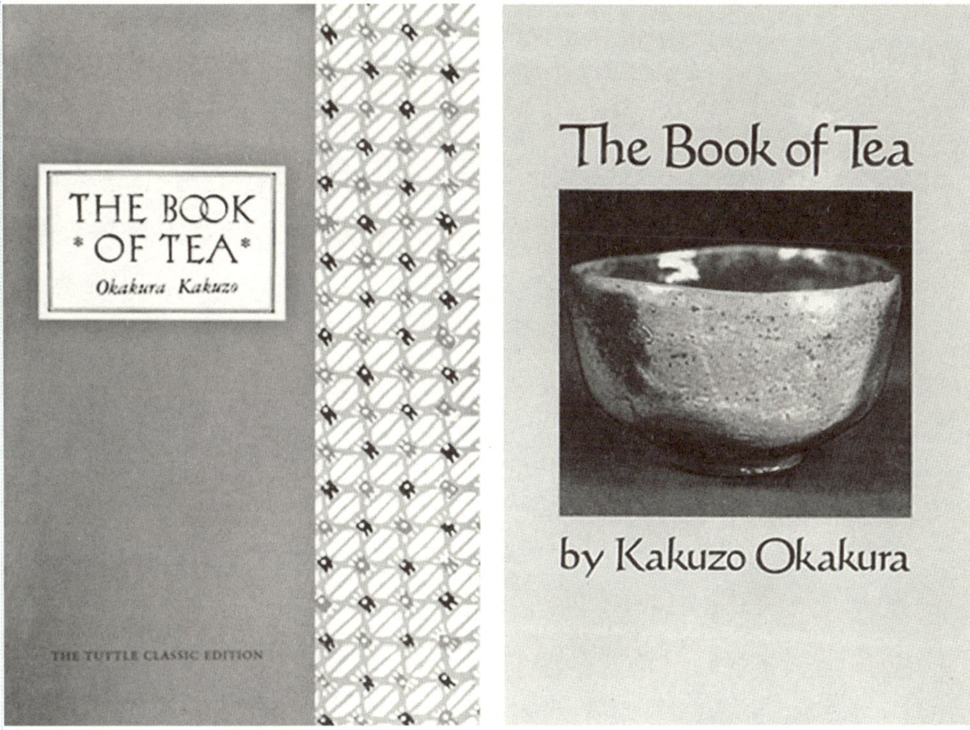

The Book of Tea (茶の本)_일본의 다도를 다룬 책

사람들을 위해 쓴 책이 아닙니다. 서양인들에 대해서 우리 일본에도 이렇게 좋은 것이 있다는 것을 강조하기 위해 쓴 것입니다. 물론 자세히 들여다보면 내용의 상당 부분은 중국 이야기입니다. 아무튼 우리 동양에도, 우리 일본에도 이런 정신적인 고상한 세계가 있다는 것을 강조하고 있습니다.

저자 오카쿠라 덴신은 teaism 이라는 용어를 도입합니다. 차 마시는 것은 사실 삼국지연의三國志演義의 초반에도 나오지요. 유비가 돗자리를 짜서 모은 돈으로 어머니한테 차를 드리려고 차를 샀는데, 그날 밤 산적의 습격을 받지요. 이렇게 중국인들이 마시던 차가 불교가 전해지면서 독특한 의미를 갖게 되고… 일본에서는 전국시대에 다회茶會가 크게 유행하게 되고 다도가 발전하게 됩니다. 차실茶室과 정원 등은 건축에도 영향을 미치게 됩니다. 아무튼 이 책은 원래 영어로 쓴 것이라는 점을 명심해야 합니다.

무사도에 대해 이야기하겠습니다. 무사도의 저자인 니토베 이나죠는 이 책의 서문에서 가 뭐라고 주장하는가 하면, "무사도는 내가 만든 말"이라 합니다. 나중에 학자들이 열심히 조사해보니까 그전에도 무사도라는 말을 쓴 사람이 있었다고는 합니다. 그러나 니토베 이나죠는 당시에 지금의 홋카이도대학의 전신前身인 삿포로농학교農學校를 졸업한 일본의 아주 유명한 근대 지식인 중 한명입니다. 국제연맹의 사무차장을 지내기도 했습니다. 이런 인물이 "내가 만든 말이다" 할 정도로 당시까지는 별로 사용되지 않았던 용어입니다. 왜 무사도 라는 말이 만들어졌겠습니까? 서양에는 중세에 기사도가 있었지요. 그리고 영국에는 신사도(gentlemanship)가 있구요. 그렇다면 우리 일본에도 좋은 것이 있다. 그래서 만들어 낸 것이 무사도라는 용어입니다. 이렇게 하여 무사도가 등장하는데, 나중에는 마치 일본인들의 마음 속 깊이 자리 잡은 것처럼 간주됩니다. 이 책도 처음에 영어로 썼습니다. 서양인들에게 읽히기 위한 것입니다.

일본이 소위 '일본문화'를 만들기 위해서 얼마나 굉장한 노력을 했는가? 제가 번역한 『국경을 넘는 방법』(니시카와 나가오 원저)을 보면, 당대의 유명한 유럽의 건축가(Bruno Taut)가 마침 나치의 박해를 피해 일본에 머물게 되었을 때, 교토에 있던 일본의 지식인들과 부자들이 타우트에게 그야말로 특수 과외공부라 할 수 있는 것을 해줍니다. 소위 자신들이 생각하는 일본문화의 정수精髓를 보여주었습니다. 그래서 타우트는 속된 표현을 쓰자면 일본문화에 '뿅' 갔던 것이고 나중에 유럽으로 돌아가 일본문화를 예찬하는 책을 쓰게 되는 것입니다. 타우트의 책들 역시 일본의 여러 다양한 전통 속에 있는 여러 가지 요소들을 뽑아서 일종의 모습(configuration)을 만들었던 것입니다. 타우트가 보았던 그림을 그린 사람들에게는 '일본문화' 라는 것을 만든다는 인식은 전혀 없었습니다. 그러나 타우트의 예에서 보듯이 이러한 노력들에 의해서 일본문화는 서구에 굉장히 잘 알려지게 됩니다.

메이지 천황의 진영(眞影) 이야기를 하겠습니다. 진영이라는 것이 무엇이지요? 진짜 그림자. 즉 사진이라는 의미입니다. 바야흐로 한창 일본국가와 일본문화를 만드는 노력이 이루어지고 있는 가운데 메이지 천황의 사진을 찍었는데, 근대 문명 국가의 군주같이 위풍당당하고 멋있지가 않았습니다. 아마도 그 때는 오늘날과 같은 포토샵 기술이 부족했던 것 같아요. 사진을 아무리 찍어도 멋있게 나오지 않으니까 결국 Chiossone라는 이태리에서 불러왔던 화폐 디자이너가 천황의 초상을 그렸습니다. 그러니까 '바람직한 천황의 모습' 을 그려낸 것입니다. 그리고 그것을 사진으로 찍었습니다. 그게 메이지 천황의 공식 진영이 됩니다.

천황의 진영이라는 것은 관청이나 학교에 모두 걸어 놓았는데, 일제시대에는 만일 불이 나면 가장 먼저 들고 뛰어나가야 하는 것이 천황의 진영이었지요. 일본의 군함은 전투를 하다가 격침될 때에는 부상병들보다도 천황의 진영을 먼저 대피시켰다고 합니다. 화재가 났는데 천황의 진영을 꺼내려고 불속으로 뛰어들기도 하고 또는 진영을 태웠다고 자살한 숙직교사나 교장의 이야기도 들었던 것 같습니다.

메이지 천황의 모습입니다. 그렇게 위풍당당하지는 않지요? 서양 군복을 입었는데…… 좀 그렇지요? 여기에서는 천황이 갑자기 멋있어졌지요? 위풍당당하면서도 인자해 보이고…… 이것이 바로 진영입니다.

메이지 천황

이제부터는 우리가 어떻게 해서 문화적인 전통들…… 우리가 굉장히 고색창연하고 오래되었다고 생각하는 것들이 많은데, 그런 것들이 어떻게 만들어지는가 알아보기로 하겠습니다.

'Scotland the Brave'라는 스코틀랜드 찬가를 들어 보면 이태리 이야기가 나옵니다. 이태리는 햇볕도 따사롭고 포도밭 사이로는 강물이 흐르고…… 거기서 이태리 남자들은 이태리 여인들의 눈에서 사랑을 들이 마시고 있다…… 그래서 아주 나약한 놈들이라는 것입니다. 한편 우리 스콧틀랜드는 거칠고 푸른 산이 좋다고 합니다. 안개같이 구름이 피어오르고 거센 폭풍이 울부짖는 곳 - 사람 살 곳은 아닌 것 같습니다만 - 자유로운 사람들의 나라라는 것입니다. 자기네가 더 낫다는 것을 강조하기 위해 이태리를 패는 것이지요.

한편 이것은 영국의 국가 God Save the Queen (King)입니다. 그런데 국가 중에 이런 부분도 있습니다. 스코틀랜드는 여러 번 반란을 일으켰었는데 18세기 중반에 등장했던 가사라고 합니다. 웨이드 원수가 내란을 진압하고 반란을 일으킨 스코틀랜드 놈들을 박살을 내서 쓸어버리라는 내용입니다. 애국가에 특정 지방을 쓸어버리라는 내용이 있다고 상상해 보세요.

Brave Heart라는 영화 장면 속에 보면 주인공과 그 옆의 남자들이 입고 있는 치마 같은 것이 있지요? 킬트라고 하는 것입니다. 저게 스코틀랜드의 고유한 민족의상이라고 알려져 있는데 사실은 아주 근대에 만들어 진 것이라 합니다. 그런데 일부 역사학자들의 연구(The Invention of Tradition)에 따르면 킬트는 스코틀랜드의 고유한 전통이 아니라고 합니다.

스코틀랜드는 오히려 아일랜드와 문화적으로 관련이 깊다고 합니다. 그러나 18세기에서 19세기에 걸쳐 스코틀랜드는 고유한 전통을 주장하기 시작합니다. 여러 가지 위조도 있었습니다. 어떤 사람은 문학을 송두리째 위조했다고 합니다. 또한 백파이프 역시 원래 스코틀랜드의 전통은 아니라고 합니다. 하프를 연주했다고 합니다. 그러나 지금은 백파이프가 나오면 아하, 스코틀랜드 사람들이 왔구나, 아니면 최소한 영국인들이 왔구나 이렇게 해석됩니다.

킬트는 원래 스코틀랜드의 전통 의상이 아니라는 것이 〈만들어진 전통〉의 저자들의 주장입니다. 과거에 스코틀랜드 고지인들은 긴 셔츠, 즉 원피스를 입었고 저지대 사람들은 바지를 입었다고 합니다. 그런데 잉그랜드에서 온 공장주가 노동자들의 작업복으로 킬트를 만들었다고 합니다. 그래서 처음에는 아무도 고유한 전통의상으로 여기지 않았다고 합니다.

그러다가 1746년에 큰 반란이 일어났고 영국은 아주 참혹한 탄압을 했습니다. 민족의상을 입는 것을 엄격히 금지했던 것입니다. 그러면서 킬트도 금지되었다고 합니다. 이러한 과정에서 스코틀랜드의 전통의상은 잊혀졌다고 합니다. 그런데 시간이 흐르면서 하층 사람들은 바지를 입고 다니게 되었는데 오히려 스코틀랜드의 상류층 인사들이 몰래 집에서 금지된 옷, 킬트를 입으면서 이게 우리의 전통이라 생각하게 되었다고 합니다, 당시는 사진이 없으니까 킬트를 입고 초상화를 그리도록 했다고 합니다.

여기에 스코틀랜드의 씨족들, 즉 clan들은 고유한 무늬의 킬트를 가지고 있었다고 하면서 잉글랜드 출신의 직물업자와 족보 위조가가 스코틀랜드 사람들에게 각종 무늬의 타르탄 천과 가짜 족보를 팔았다고 합니다. 아마도 이렇게 사기를 쳤겠지요. "당신이 지금은 단절된 것으로 알려진 위대한 아무개 아무개 클랜의 숨겨진 자손이라는 것을 확인하려고 (또는 알려주려고) 찾아왔노라, 그런데 클랜의 구성원답게 행동을 하려면 이런 타르탄 천을 사서 킬트를 만들어 입으시는 것이 좋겠다. 이것을 사서 킬트를 해 입으시고 가족과 친척들에게도 입히시지요." 뭐 이러지 않았을까요?

그리다가 1822년에 영국왕 조지 4세가 에딘버러를 방문하게 됩니다. 이때 아이반호(Ivanhoe)를 쓴 월터 스콧과 스튜어트 대령 등이 행사를 주관하면서 스코틀랜드 사람들이 충성을 맹세하는 의미로 모든 씨족장들이 자기 씨족의 고유한 무늬의 킬트를 입고 참석을 하기로 했다고 합니다. 그래서 킬트가 스코틀랜드 고유의 의상으로 부활하게 됩니다.

킬트

영국의 군주정을 잠깐 살펴보기로 하지요. 이것도 사실은 만들어진 부분이 많습니다. 굉장히 화려하고 아득한 옛날의 모습을 지니고 있는 것 같지요. 일본 왕실은 영국 것을 그대로 모방해 왔습니다.

영국의 왕실을 뭐라고 그러는지 아십니까? 성이 뭐지요? 일본 천황은 성이 없고 이름만 있습니다만, 영국 왕은 성이 무엇이지요? 네... 윈저입니다. 영국왕실은 House of Windsor라고 합니다.

윈저가는 원래 House of Saxe-Coburg and Gotha의 방계입니다. 원래 작센 지방에서 왔습니다. 그러니까 독일 사람들이지요. 영국 왕실은 여러 번 바뀌었는데 여러 가지 사정에 의해서 작센에서 온 사람의 자손이 왕위에 오르게 된 것이지요. 그런데 1차 대전이 일어나자 사정이 묘하게 됩니다. 국민들은 "독일 놈을 죽여라" 하고 싸우고 있는데 영국 왕실은 독일 출신인 것입니다. 상당히 난감한 문제였죠? 더군다나 최초로 공중 폭격이 시작 되는데 그때 하필이면 런던을 공습한 비행선 이름이 고타(Gotha G. IV)입니다. 왕실의 이름 가운데 하나인 것입니다. 그래서 영국왕실은 1917년에 성을 갈아버립니다. "우리는 이제부터 윈저다" 라고 선언을 합니다. 그랬더니 독일의 빌헬름 황제가 빈정거립니다. 〈Windsor의 즐거운 아낙네들〉이라는 셰익스피어의 희곡이 있죠? 빌헬름 황제는 "나는 이제부터 〈Saxe-Coburg and Gotha의 즐거운 아낙네들〉을 보련다" 고. 이렇게 전통이 만들어지고 아무도 의심하지 않게 됩니다.

오늘은 여러분들이 전통이 무엇인지, 문화가 무엇인지에 대해 생각을 해보았으면 하는 기회가 되기를 바라면서 굉장히 길게 말씀을 드렸습니다. 마지막으로 다시 한번 강조하고자 합니다. 한국적인 것을 만들려는 노력을 인위적으로 하시지 말기 바랍니다. 정말 우리에게 필요한 것은 무엇인가? 그것을 어떻게 잘 만들 수 있을까? 이것을 정말로 치열하게 고민해주십사는 것입니다. 바로 여기서 진정으로 한국적인 것이 나오기 때문입니다.

국민대에는 건축학부가 따로 있지만 상당히 많은 대학들에서는 건축학과가 공대에 있습니다. 우리나라는 근대화 과정에서 공학을 스스로 발전시키지 못하고 밖에서 들어오다 보니까 어러 문제가 있다고 합니다. 스스로 무수한 시행착오와 고민을 거치면서 발전시킨 것들을 그냥 배우고 있다 보니까 "왜?"라는 질문을 하지 않는 경향이 있다고들 합니다. 공학에서 배우는 수많은 것들은 나름대로 이유가 있는 것들인데 "왜?"라는 질문을 하지 않다 보면 결국은 새로운 것을 만드는 힘도 키우지 못하게 된다고도 합니다.

건축도 여기에서 완전히 자유로울 수는 없겠지요. 그렇지만 그런 가운데에서도 질문을 제기해 보시기 바랍니다. 강연 앞부분에서 문화란 '당연하게 여기게 만드는 것, 질문 못하게 만드는 것, 침묵하게 만드는 것"이라고도 했습니다만, 자신의 문화에 대해 "왜?"라는 질문을 해보셔야 합니다. 학문도 문화입니다. 하나의 서브컬쳐인 셈이지요. 자신의 문화로부터 조금이라도 자유로워져야 합니다. 문화라는 것은 원래 인간이 자신의 조건을 넘어서는 것입니다. 그것이 바로 문화입니다.

그런데 우리가 지니고 있는 편견이나 행동 패턴 같은 것들을 우리의 문화라고 강조하면서 이것을 넘어서려는 노력을 오히려 문화에 반(反)하는 것처럼 비난하는 행태도 볼 수 있습니다. 슬픈 일입니다.

여러분들은 자신의 문화를 넘어서기 위해 정말 필요한 것이 무엇인가? 어떻게 하면 정말 잘할 수 있을까? 이것을 치열하게 고민하셔야 합니다. 남의 것 덜렁 베껴 가지고는 정말 좋은 것을 만들 수 없다는 것을 깨닫게 되실 것입니다. 우리에게 정말로 필요하고 편하고 싸고 좋은 것은 무엇일까를 예리한 관찰과 치열한 고민을 통해 여러분들이 나름의 솔루션들을 자꾸 내 놓다 보면 -세월이 지나면- 후세의 사람들은 그것을 바로 이 시대의 한국문화라고 부르게 될 것입니다.

* 본 원고는 2011년 3월 29일 국민대학교 건축학부 건축전의 일환으로 진행된 한경구 교수님의 강연 "프로세스로서의 건축과 익스팬션으로서의 문화: 문화교차와 혼종성을 다시 생각한다."를 녹취한 기록이다.

미시적 문화혼재 속의 건축

ARCHITECTURE IN THE MICROCOSMIC CULTURAL MIXTURE

봉 / 일 / 범

국민대학교 건축학부 교수

건축과 문화의 문제는 더 이상 거대한 표상의 문제가 아니라 개별적이고 미시적인 수준의 문제가 되어야 할 뿐 아니라, 그것은 실제로 작동하는 건축이라는 실효성의 문제로 이해되어야 한다. 그 건축은 소위 "말하는" 건축도, 의미를 읽어내야 할 텍스트로서의 건축도 아닌 문화의 층위에서 어떤 종류로든 가치를 만들어낼 구체적인 장치로서의 건축이 되어야 한다.

00

서가에서 손에 잡히는 대로 잡지 한 권을 뽑아 든다.

공간지 482호다.

그 가운데 건축 · 도시 평론가 김승귀가 건축가 곽희수의 작품 〈42번 루트 하우스〉를 바라보는 시점이 좀 낯설기도 하다. 강원도 시골 한복판 국도변에, 어딘가에서 들고와 털썩 내려 놓고 가버린 것처럼 생뚱맞게 서 있는 대단히 이질적인 현대식 건물을 놓고 "소위 한국의 전통적 공간 개념인 평면적 채나눔의 언어를 입면적으로 활용하고 있다"고 평하기 때문이다. "한국의 전통적 공간 재현이 아니라 한국 전통 건축의 문법만을 발췌해서 활용한 것" 이자 "전통의 보존이 아니라 쓰임의 활용 가치를 발견한 것" 이라는 해석은 사실 선뜻 동의하기가 쉽지 않아 보인다. 2층이 없이 가운데가 뻥 뚫려 있고 그 위로 3층 덩어리가 불쑥 튀어 나와 있는 모양새 때문에 그렇게 보는 것인지, 이 집에 재래식 부뚜막이 있는 부엌과 장작을 때 온돌을 덥히는 사랑방이 있고 그 부엌은 전벽돌로 마감하였다는 사실 때문에 어쩔 수 없이 떠올렸을 법한 전통이라는 관념에 대한 독창적인 호도인지를 몰라서 더욱 그러하다.

한평생 시골의 삶에 익숙해져 있는 노부모를 위해 친숙한 공간을 따로 마련

하였다는 효자 배우 건축주의 미담 같은 이야기를 하려는 것은 물론 아니다. 문화와 건축이라는 것이 도대체 어떻게 연결되고 어떻게 한 묶음으로 다루어질 수 있는가를 고민하다 눈길이 간 일화일 뿐이다. 어딘가 명확하지는 않으나 분명 단서가 될 법한 이야기임에는 틀림없어 보이지 않는가?

곽희수의 또다른 작품 〈테티스〉에서는 강남의 포화된 교통, 그리고 발레파킹이라는 "악어새의 그것과 같은" 방식으로 이루어지는 주차법의 리얼리티가 어떻게 좁은 이면도로에 접한 상업건물의 1층 파사드와 그 전면 도시공간의 관계를 변화시킬 수 있는가에 대한 하나의 해답이 보인다. 문화라면 문화라 할 수도 있을 신종의 생활 방식이 건축의 전형을 변화시킨 사례라 보면 그러할 수도 있겠으나, 설명을 듣기 전 이 건물이 겉보기에 도시의 "문화"와 관련을 맺고 있는 건물처럼 생긴 것은 물론 전혀 아니다. 그러하기에는 이 집 역시 유명 여배우가 건축주라는, 그래서 건물이 그 배우마냥 매력적으로 생긴 듯도 하다는, 아니 그보다 그럼 곽희수는 그 여배우를 도대체 어떻게 알았다는 거냐는… 뭉게뭉게 피어오를 법도 한 뒷얘기들이 오히려 관심의 중심이기 쉬운 이유도 한 몫 하기 때문일 것이다.

그런데, 위의 작품들과 그것들을 둘러싼 담화들을 싣고 있는 같은 잡지 안에는 또 다른 "문화" 얘기도 나온다. 이민+손진이 디자인한 〈운문유치원〉을 두고 쓴 민현식 선생의 평문은 현실세계의 도시와도 흡사한 복잡한 유치원 공간들 속에서 어린이들이 스스로 만들어가게 될 "문화풍경"이 얼마나 아름다울 것인가를 묻는다. 문화풍경이라는 표현은 어딘가 참 근사해 보인다. 이 글에서는 "사람들은 도시를 만드는 과정에서 도시 공간과 삶의 양식, 양자 간의 끊임없는 변증법적 탐색을 거듭하면서 자신을 만들어왔다"는 표현도 읽을 수 있다. 삶의 양식이라니… 이것을 2음절로 하면 그 또한 바로 "문화"가 아닌가!

책장을 넘기다 보면 또 실려 있는 집이 바로 그 유명한 고기웅의 변기주택, 〈해우재〉인데, 세계화장실협회 회장 부부가 건축주라는 이 집도 추후에는 "문화공간"으로 전환될 예정이라고 한다. 문화공간…

01

굳이 위의 예들을 열거하지 않더라도 건축과 문화라는 것이 무관치 않음은 분명할진댄, 이쯤에 이르고 보니 이제 문화라는 게 도대체 뭐냐는 질문을 아니 할 수 없게 된다. 서구문화, 한국문화, 민족문화, 전통문화, 대중문화, 정치문화, 놀이문화, 음식문화, 음주문화, 밤문화, 교통문화, 주거문화, 또래문화, 군대문화, 조폭문화… 심지어 "우측통행, 세계 그리고 우리의 보행문화입니다"라는 관제 표어에도 등장하는 이 문화라는 말은 정말로 무엇을 의미하는 것일까?

피상적일 수 있지만 가장 손쉽게 무엇인가의 정의를 알 수 있게 해 주는 최신의 방식 그대로, 한 포털 사이트의 소위 지식검색에 이 문제를 의뢰해 보면 문화를 어떤 이는 "지식, 신앙, 예술, 법률, 도덕, 풍속, 그리고 인간이 사회 구성원으로서 취득한 그 밖의 모든 능력과 습관 등을 포함하는 복합적 전체" (E.B.Tylor)라 정의했다 하며 또 다른 이들은 "동일한 지역에 사는 사람들의 공동체가 하는 일, 행동방식, 사고방식, 감정, 사용하는 도구, 가치, 상징 등의 총체" (R.S.Lynd),

"넓은 의미에서의 모든 사회적 활동" (C.Wissler), "사회적으로 전수되고 습득된 태도" (F.M.Keesing), "인간 공동체의 비유전적 삶의 표현 체계 및 그 산물" (J.P.B.de Josselin de Jong) 등으로 정의했다 한다. 동일한 단어에 대한 참으로 다양한 정의다.

이와 같은 문화에 대한 정의들에는, 그런데 쉽게 흘려버릴 수 없는 중요한 공통점과 차이점이 존재하는 것으로 볼 수 있다.

먼저, 이 모든 문화의 정의가 공히 사회를 전제하고 있다는 점이다. 다시 말해 문화란 그것이 어떠하든 어느 한 "개인"의 문제가 아니라는 것이다. 개인이 만들어낼 수는 있어도 그에 대한 사회의 합의가 없다면 그것은 그저 독특한 습벽으로 끝나고 말 일이기 때문이다.

또 다른 공통점은 문화가 다름 아닌 인간의 일이라는 점이다. 분명 꿀벌도 개미도 사회를 가지고 있지만 동물의 사회에서 공유되는 어떤 생존 방식들을 문화라고 칭하는 바는 결코 없다. 사자가 무리를 이루어 다니고 함께 사냥을 하더라도 이것은 어디까지나 사냥의 방식일 뿐이지 사자들의 사냥문화는 아닌 것이다.

그 준거는 결국 욕구의 즉자적 해결이냐 욕구 충족의 과정에 대한 의식화된 정교화냐의 차이다. 이 의식화된 정교화가 의미를 생산하고 의미화된 생존의 방식, 욕구의 해결방식, 집단적 삶의 방식들은 문화가 된다. 그리고 자연에 대비되는 인간 고유의 것으로서 의미를 수반한다는 사실이나 사회 집단이 합의한 유·무형의 공유라는 사실은 문화가 건축과 별반 다르지 않다는 점을 뜻하는 것으로 이해된다. 자연의 공간에 대비되는 인공물이면서 대부분 사회적 자산으로 남겨진다는 점에서 건축이 갖고 있는 속성이 문화의 정의가 지닌 함의와 통한다는 점에서만이 아니라 그것을 고안하고 만들고 사용하고 유지하는 전체의 과정이 곧 문화적 활동과 동일한 것이기 때문이다.

그런데, 또 다르게 문화의 정의들을 좀 더 세밀히 보자면, 크게 두 가지의 상반된 시각이 존재한다는 사실도 발견하게 된다.

그것은 곧 문화를 습득되고 학습되고 세련화되는 것으로서 바라보기에 문화라는 것이 일정 수준 이상의 상태에 도달해 있는 무엇으로 정의되는 경우와, 단지 총체적인 집단화된 양식 자체로 보는 다소 느슨한 입장에서 정의되는 경우가 다르다는 것이다. 전자의 입장에 서게될 때 문화란 고양된 무엇, 우월한 무엇이 되므로, 그리하여 그 반대쪽에 저열한 어떤 것으로서의 비문화를 동시에 가정할 수밖에 없게 된다. 또한 문화라 칭할 수 있는 범주 안에서도 소위 고급문화라는 말이 등장할 수 있는 빌미를 만들어낸다. 이것은 곧 문화가 계몽의 대상이자 전파의 대상이라는 논리의 원천이자 현대에 와서는 속물적 상업주의의 최대 무기 중 하나로 탈바꿈하기도 한다.

반면에 문화를 사회적 활동 또는 집단 생활 양식의 총체로 본다면, 이는 가치중립적이며 상대주의적이므로 동등한 문화들의 다양성이 있을 뿐 이들을 바라보는 관점은 관용의 그것이 될 수밖에 없게 된다. 때려죽인 개의 고기를 삶아 먹든, 처참하게 먹이를 쑤셔 넣어 비대하게 만들어낸 거위 간을 구워 먹든, 그것이 모두 저들의 "문화" 이므로 그것에 대해 왈가왈부할 근거는 어디에도 없게 되는 것이다.

흥미로운 것은 이 양자의 시각차가 역사적으로 변화해 왔다는 점이다.

문화간 대면의 기회가 드물었을 전근대에 있어 이종의 문화와 맺는 최초의 관계는 곧 충돌과 갈등, 그리고 대부분 문화 외적 우월성에 기인하는 일방적 강요로 매듭지어졌던 듯하다. 제3세계의 대부분이 제국주의 팽창의 시대에 그러한 문화 강요의 과정을 겪었고 우리 역시 그 어느 곳보다 첨예하게 동일한 과정을 겪었다. 이로 인해 말살되다시피 했던 소위 "민족문화" 또는 "전통문화"의 트라우마에 대한 반응과 치유는 광복 후 60년이 지나서까지도 온전히 끝나지 않은 듯하다. 그 결과 우리는 얼마나 많은 곳에서 과장되게 두드러지는 전통의 강요와 혹은 출처 불명의 한국성이라 칭해지는 조잡한 "문화적 산물"들을 만나고 있는가! 하물며 상징체계 가운데 물리적으로 가장 큰 건축이 이 과정에서 당한 일들은 교통신호제어기 위에까지 한옥 기와지붕 모양의 장식을 얹어 놓은 어느 도시의 길거리에 지금도 적나라하게 그 상흔을 남기고 있다. 잠실경기장은 장구, 상암경기장은 방패연, 아셈센터는 전통건축의 처마선… "우리의 것이 좋은 것이여" 이데올로기는 참으로 무서운 것이었다.

그러나 시대는 변화하여 이제 100년 전과 같은 강도로 대면하게 될 신종의 문화란 더 이상 존재하지 않는 소위 세계화의 시대가 지금이다.

1980년대 후반, 국외여행 자유화가 시작되고 1990년대 이후 인터넷이 등장하면서 외래 문화라는 것은 더이상 봇물 터지듯 밀려 들어와 삶의 조건들을 뒤흔드는 노도와 같은 것이 아니라 실시간으로 국지적으로 개인의 차원에서 소비되는 취향의 범주에 속하게 된 것이다. 실제로 2000년대 이후 급격하게 증가한

국내거주 외국인 수가 100만을 상회하고 국제결혼가정이 급증하면서 등장한 "다문화" 라는 용어는 더 이상 문화적 순혈주의를 고집할 수 없게 된 상황에 대한 국가적, 조직적 대응이었는데, 이것은 이질적인 것들 사이의 충돌과 대체를 근간으로 하는 문화교차의 양상과는 완전히 다른 조건을 건축에도 강요하고 있다고 보아야 할 것이다.

그런데, 바로 이 국지적이며 미시적인 수준에서 문화가 뒤섞이고 공존하는 현재의 양상이 전적으로 새로운 것만은 아닌 듯하다. 거시적으로 우리의 삶의 방식을 대체했다고 보이는 서구문화의 격랑 속에서도 상징체계와는 무관하게 문자 그대로 소소한 삶의 방식들에 그렇게까지 심각한 단절이 있었던 것은 아니기 때문이다. 한 동안 존재했던 방열기를 갖춘 "냉골" 아파트들이 사라지고 비록 윗목/아랫목은 없다지만 온돌과 흡사한 방바닥을 갖춘 한국형 아파트가 등장한 것만 보아도 문화와 건축 사이의 문제를 그리 장대한 스펙터클의 관점에서만 보아야 할 일은 아니라는 것이다. 이 한국형 아파트가 중국으로 건너가더니 조리의 비중이 상대적으로 크고 음식냄새가 강한 그 나라 문화에 맞게 문을 닫을 수 있는 독립된 주방과 분리된 식당이라는 새로운 변이를 낳은 것만 보아도 이제 문화와 건축이 길항하는 모습은 국가니 민족이니 세계니 하는 차원의 거대서사만은 아님이 분명하다.

03

이처럼 변화한 시대에 문화교차와 건축의 관계에서 전제로 삼아야 할 것은,

앞서 본 문화의 정의들 중에서도 관용을 기본 입장으로 삼는 총체적인 시각일 것이고 따라서 문화간 충돌이나 모순을 넘어서는 이해와 공존이어야 할 것이다. 그러므로 이제 지금의 건축이 대면할 문화는 역사에 기반하고 민족이라는 거대한 테두리를 갖는 그것이 아니라 훨씬 더 짧은 주기, 작은 영역에서 벌어지는 생활 기반의 그것이 되어야 한다.

그렇다면, 미시적이고 국지적인 영역에서 실시간적으로 교차하는 문화 공존, 문화 혼재, 문화 급변의 시대에 건축을 생각하기 위한 기본적인 틀은 무엇일까?

첫째, 건축에 있어 문화교차를 양식교차와 혼동해서는 아니 될 것이라는 점이다. 건축은 생활양식의 총화라는 점에서 문화와 불가분이지만, 앞서 언급한 상징체계로 간주될 때 그것은 더 이상 생활양식이니 삶의 방식이니 하는 문제와는 유리된 하나의 이미지가 될 뿐이다. 건축은 문화를 표상하지 않는다. 기표로서의 장식이 건축으로부터 박리되어 나간 근대 이후 문화와 건축의 관계는 더 이상 후자가 전자를 반영하거나 상징하는 것이 아니게 된 것이다. 건축과 문화는 의미작용이 아닌 실효성의 문제로 치환되어야 하고 그러하기 위해서는 양식의 문제를 배제해야 한다. 그러므로 더 이상 우리는 건축을 "보고" 문화를 연상하거나 건축의 양식 구분을 문화의 구분과 동일시하는 인식에 얽매이지 말아야 한다. 제도와 건축의 관계도 마찬가지다. 공정해야 할 사법제도가 기관이 되면서 법원이 대칭의 형태를 갖게 되는 따위의 논리에는 더 이상 공감하기 힘들다는 것이다. 말하자면, "한옥이 돌아오는" 것만이 아니라 "땅콩집"과 같은 정량화에 기반한 실용 리얼리즘도 또한 문화와 건축을 잇는 중요한 매개가 될 수 있는 시대다.

둘째, 문화와 길항하는 건축의 결과는 특수해여야 한다. 문화가 사회적이라고 해서 건축 역시 집단성을 갖는 것은 아니며, 문화가 사회적이라고 해서 건축의 사고 범위를 건축들이 모여 있는 도시로 확장해야 한다는 당위도 아니다. 건축은 문화의 직역이 아니기 때문에 문화교차의 건축화는 각각의 경우마다 특수하다. 무엇인가 외부의 요인을 액면 그대로 물리적으로 번역해 놓은 것이 건축이라면 결국 문화를 잘 읽어 그것에 최적화된 공간을 만드는 작업은 동일문화에 동일공간이라는 도식화된 결과만을 낳겠지만, 그러나 문화가 사회 공통이 합의한 무형의 것이고 그것이 유형으로 치환되는 과정이 수렴의 과정이 아니라 사고 프로세스상 확산과 분기의 과정이므로 이 사이에서 건축은 특수한 개별자들이 될 수밖에 없다. 그런데 오히려 이 양자 사이의 불일치가 문화의 정교한 세련화를 이끌어낼 여지를 남겨놓기도 한다. 결국 문화가 세련화된다는 것은 얼마나 미묘한 차이들의 스펙트럼을 손상 없이 보전하느냐의 문제가 아닌가 말이다. 단순화와 통합, 분류, 그리고 계열화는 문화의 일이 아니라 문화"학"의 일일 뿐이다.

그렇게 본다면 셋째, 건축과 문화는 더 이상 선후를 가릴 수 없는 관계에 놓이게 되었음을 주지해야 한다. 문화변이의 주기가 빨라짐에 따라 문화는 점점 더 트렌드와 유사한 개념으로 화하고 있고, 건축은 문화의 후행자로 있다가도 어느 순간 그것을 선행하는 것이 가능한 유동적인 시대가 된 것이다. 소위 트렌드 세터와 그 추종자들의 집단 동조화가 일정기간 일정규모 이상으로 지속될 때 이것을 문화라 명명하는 것이 가능해진다면 건축이 그 연쇄의 방아쇠가 될 소지도 다분한 것이다. 굳이 환경심리니 지원성이니 하는 말들을 들먹이지 않더라도 건축 공간 또는 장소가 달라지면 그것을 배경으로 삼는 행위의 총체적인 양상이 달라질 것임은 자명하기 때문이다. 그렇게 보면 〈테티스〉의 들어올려진 1층 바닥판이 파사드를 가리는 주차만을 소거한 것이 아니라 지하 임대 공간의 환경 자체를 변화시킨 것이고, 그로 인해 지하공간의 임대료 수준만이 아니라 그 구체적인 프로그램이 달라질 수 있었다는 사실은 건축과 문화의 전도된 선후관계에 대한 실마리로 읽을 수도 있을 듯하다. 마찬가지로, 〈운문유치원〉의 도시와 같은 복잡한 내부공간들은 그 어느 구석을 들여다보아도 우리의 눈에 찍혀 있는 원색찬란한 유치원의 이미지답지 않을뿐더러 아이들의 또래문화를 읽어내어 번안한 문화의 해석이라 보이지도 않지만, 그 공간 속에서 시간을 보낼 아이들의 사회가 가질 문화의 질을 지금까지의 유치원들과는 사뭇 다르게 만들어내리라는 점에 이의를 달 수는 없는 것이다.

그러므로 결론이라면 결론이라 할 법한 우리의 주장은 이렇게 귀결된다. 건축과 문화의 문제는 더 이상 거대한 표상의 문제가 아니라 개별적이고 미시적인 수준의 문제가 되어야 할 뿐 아니라, 그것은 실제로 작동하는 건축이라는 실효성의 문제로 이해되어야 한다. 그 건축은 소위 "말하는" 건축도, 의미를 읽어내야 할 텍스트로서의 건축도 아닌 문화의 층위에서 어떤 종류로든 가치를 만들어낼 구체적인 장치로서의 건축이 되어야 한다.

이상의 이야기들이 아마도 문화의 개념 자체가 변화한 지금의 시대, 즉 미시세계에서 이루어지는 문화혼재의 상황 속에, 건축이 어떠해야 할 것인가에 대한 개략의 방향이 될 것이다.

04

그럼에도 여전히 남겨지는 마지막 의문이 있다. 문화라는 것이 유동화되고 다원화되며 변화의 주기가 빨라지고 있다는 점에 비하면 건축의 항구성은 여전히 그대로이기 때문이다. 어쩌면 여러 다양한 문화들이 미시적으로 출몰하며 혼재하는 상황 속에서 건축 자체가 그 본래의 불변성을 벗고 유동화되는 것이 마지막 남은 길일 지도 모른다는 것이다. 아니면 건축만이 유일하게 여전히 변하지 않을 인류 문화 최후의 보루로서 남겨져야 하든지…….

공명

RESONANCE

이 / 공 / 희 국민대학교 건축학부 교수

다원성의 점증과 다양한 알고리즘의 인정이 미루어 온 시대 정의를 역사화하거나 정의하려는 혹은 정의해야하는 속성은 근대적 건축이 가졌던 진정성에 현대적 분발을 더하거나 새로운 세계관과 신과학이 만드는 이제의 것과는 다른 공명의 관계를 조건부로 하고 있다. 후자는 적어도 지난 50년간 지리한 빈곤에 '형태적 풍요로움' 혹은 '쉽고 즐겁다'로 소통이란 즐거움으로 현대건축을 책임지어주었다. 하지만 그것은 적어도 자부심이 강하고proud, 자신만만하고confident, 불안한insecure 하여 사춘기 같음을 지울 수 없다는 생각을 갖은 필자 같은 종류는 전자에 우둔한 희망을 갖는다.

공 명

건축은 공명이다

건축은 서로 다른 수많은 주파수들이 간섭하여 관계를 만들어 내는 공명이다.

공명하여 만드는 차이들의 효과는 동일성이 담보된 유사성에서 창조되거나 하나의 이념으로부터 만들어지는 종속적 생산이 아니라, 서로 다르다하여 이질적 이종이거나 서로 다른 궤적이어서 비의존적 주파수들이 파동하고 간섭하여 공명하고 그 증폭을 통해 사후에 생성된다.

건축과 비건축, 철학과 비철학, 예술과 비예술, 문화와 비문화, 과학과 비과학, 고전과 비고전, 근대와 비근대, 현대와 비현대, 근대와 현대, 이성과 감성, 유한과 무한, 같은과 다름, 가상과 실제, 땅과 프로그램, 도시와 지역, 지역과 건축, 건축과 공간, 공간과 표피, 물질과 비물질들 간에 공명하여 건축될 때 건축이다.

공명이 건축인 이유는 그것이 어느 한쪽 방향의 운동이 아니라 각기 서로에게 종속되거나 수렴되지 않아 독자적인 항성의 울림이길 원하기 때문이다.

건축이 비건축의 해석을 통한 수용이기보다는 각기 자율적이어서 서로 다른 분야로 존중하여 공명하는 관계이기를 존중한다.

공명할 때 그 관계의 생리가 종합되는 것을 경계하며 구별한다.

상대적 개념을 유지하면서 서로에게 구속되거나 수렴되지 않으며 교차, 교섭, 교접, 교배, 얽힘, 간섭, 대응, 소통하면서 두 개의 독자적인 주파수를 유지하여 공명일 때 가치있다.

겹치어 공존하는 것이 시대사유의 속질이지만 존재하여 다름을 깨우침이 아니라 다름의 효과로 각기 자기 주파수를 유지하여 공명하는 운동일 때 건축이 공명인 이유가 된다.

공명/근대적 진정성과 현대적 분발

이제 한 켠에 선 오래된 선배건축가 대부분이 간직해온 건축의 주연은 공간이어서, 그들 간의 조합이 先後, 主從등의 관계를 분명히 이루는 것에 관심하며, 이웃하여 경계함으로 자기 몫을 분명히 하게하고, 본래 목적에 효과적으로 기

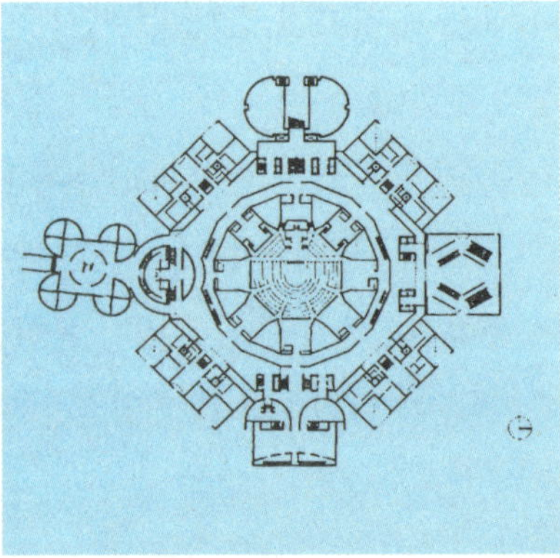

Louis I Kahn, Plan sketch, National Capitol of Bangladesh, Dhaka, Bangladesh; 1962–83 built

능해야하고, 과학과 합리와 이성으로 이룬 기술이 앞장선 모습이어야 해서 다소 거칠더라도 청렴과 순도를 유지하여야 하며, 그리 만들어진 형태는 기능의 결과이어서 다소 지루하더라도 진중한 태도를 견지하여야 하고, 그것들이 모여 때론 빛에 반응하고, 개념에 근거하여 그 휘하에 범주해야하며, 변증의 과정으로 모색한 구법에 집착하여 생에 단면이 언제나 같아야하는 항성컴플렉스 덩러리, 그런 고리타분함이 건축의 진정성이라 믿는 건축가가 있다면 그것이 근대에 준하는 건축가라 믿는다.

프루이트 이고우(Pruitt-Igoe) 아파트먼트

하지만, 근대성은 그리도 믿어 의심치 않았던 교리에 관한 특별한 선언도 없이, 별다른 해명이나 변명 없이 어둑해졌음을 기억한다. 그 사이에 한동안 미뤄두었던 속절없는 풍부함과 현란함은 신사고, 신과학의 설명이 붙여지면서 근대는, 그 종식논란은 자체의 의미도 못 찾고 덮어둔 체 미뤄 논 미제의 사건이라 믿어 의심치 않는 맹신과 의심이 같이 있다.

한편, 근대도시와 건축이 간직하여 온 기능에 관한 결정론과 분리, 죠닝하여서 유리하는 태도에 대한 반론은 현대성 확보의 출발이 된다.

도시란 어느 시점에서 정지되어 완성되는 것이 아니라, 지속적으로 변하는 것이어서 예상하여 가늠한 일보다 예상하지 못한 일이 더 많을 수밖에 없다.

그래서 도시를 상상하고자 할 때, 이를 고정하거나 수용할 기능들을 단정하여 '분리와 유리'를 전제로 하는 구조적인 팀텐(TEAM 10)의 주장보다는 도시란 영속적인 변화를 전제로 하는 것이어서 그리 근대와 같이 형태로 보여줄 수 없는 것이며, 항상 새로운 것에 대하여서 도시는 시간과 공간 안에서 포기와 재구축이 가능한 가속화된 운동체로 보아야 한다는 상황주의의 생각이 득세하였다.

그런 연유로 이후로는 현대도시를 만드는 일이란, 예상하여 가늠할 수도 형태를 갖출 수 없는 일이어서 도시에 관해 가늠하여 계획하는 일은 물리적 결과가 아니라 도시에 관한 사실을 확인하고 비판하여, 도시가 어떤 방식으로 작동할 것인가에 관한 프로그램을 갖는 일이 된다.

따라서, 도시에 관한 현대성의 분발은 결국 현대적 삶이 동질적이거나 순수한 것이 아니며, 비 순수하고 이질적인 것이어서 혼합적임을 인정하는 것으로부터 출발하여야 한다. 더 이상 기능적인 영역의 구분으로 정의할 수 없음으로 이동한다.

이 생각의 변화가 당장 두 가지 현대성을 향한 분발의 조건변화를 가져 온다.

하나는 도시구조의 변환을 이해하는 일이고, 다른 하나는 그에 따른 건축가

Le Corbusier, 빛나는 도시,

와 사용자의 관계의 변화이다.

도시에 관한 변화는 현재건축의 변화 중에 하나인 거리개념의 전환을 가져온 도시 안에서 이동은 단순한 기능적인 순환으로만 가늠할 수 있는 일이 아니어서, 심리적이거나 지리학적 근거로 선택되는 동질과 순수의 합리와 통접의 구조에서, 그리 가늠될 수 없는 선택 혹은 표류에 의한 가능성을 포함하는 이질적인 네트워크를 소화할 수 있는 이접의 공명이여야 한다는 생각으로 이동이다.

따라서, 두 지점간의 이동에 최단거리는 하나가 아니라는 위상학적인 사고를 더하여 도시, 혹은 그것과 지역의 이동은 단정 할 수없는 여러 경로와 과정을 갖는 리좀적 구조로서 이동으로 인식 된다.

도시가 조직화에 관한 이질과 이접의 수용으로 변환을 보면서 건축은 건축가의 일방적인 작품으로 더 이상 보호받지 못하는 기현상을 보이고 만다. 건축을 만드는 일은 기능과 형태를 다루는 순수한 작업이기 보다는 장소와 사용자간에 그리 단순하지도 순수하지도 않은 관계들의 복잡한 네트워크를 프로그램하거나 조직화하는 일이 된다.

이런 까닭에 건축은 건축을 이루는 몇 가지 생각들에 대해 다시 생각하거나, 포기했거나 그간 근대라는 커다란 상자에 깊게 넣어두거나 근대를 이유로 해서 미뤄두었던 생각이나 방법을 꺼내어 세공하기도 하고 전혀 새로운 가치를 탐색하고 체험하기를 두려워하지도, 지금껏 가지고 있었던 생각들에 관한 근대의 도입부에 있었던 거칠은 점령 때와는 달리 포기하지도 않는 새로운 대처 방법을 보여주고 있다

르네 마그리트Rene Magritte,피레네 산맥의 성채,

중력에 관한 생각과 그 대처방법이 먼저 그러하다.

건축이 20세기 들어 만난 전혀 새로운 것에 하나인 가상공간은 중력에 관한 새로운 인식과 대처 방법을 물었다.

그간 건축은 중력으로부터 해방을 위해 끊임없는 노력이 있어 왔지만 더욱 종속되거나 영속적 권력이 되어 그 권위를 더해왔지만 영원히 변하지 않는 것들에 대한 플라톤의 전복과도 같이 일시적이거나 변화하거나 생성하는 것으로 변종하였고, 이에 관한 다양하고 새로운 대처를 요구하고 있다.

중력도 그리드개념이나 투시도법과 같이 시대의 정신에 따라 그 운명을 같이 하는 듯 보이지만 기데온의 생각으로 보면 구성적 사실이어서 시대마다 늘 새로운 대처방법을 모색하고 실천함으로 공명하여 나타났음을 확인 할 수 있다.

근간에는 중력의 모색과 실천의 출발은 유목적인 성격을 갖는 건축으로 운을 띄웠으며 근자에는 그 극한에 도전하는 실험적 제스츄어까지 있다.

유목적 건축으로의 향위는 가변과 일시적인 가치를 기반으로 인스턴트 개념을 출현한 시기이기도 했다.

Archigram, Instsnt city,

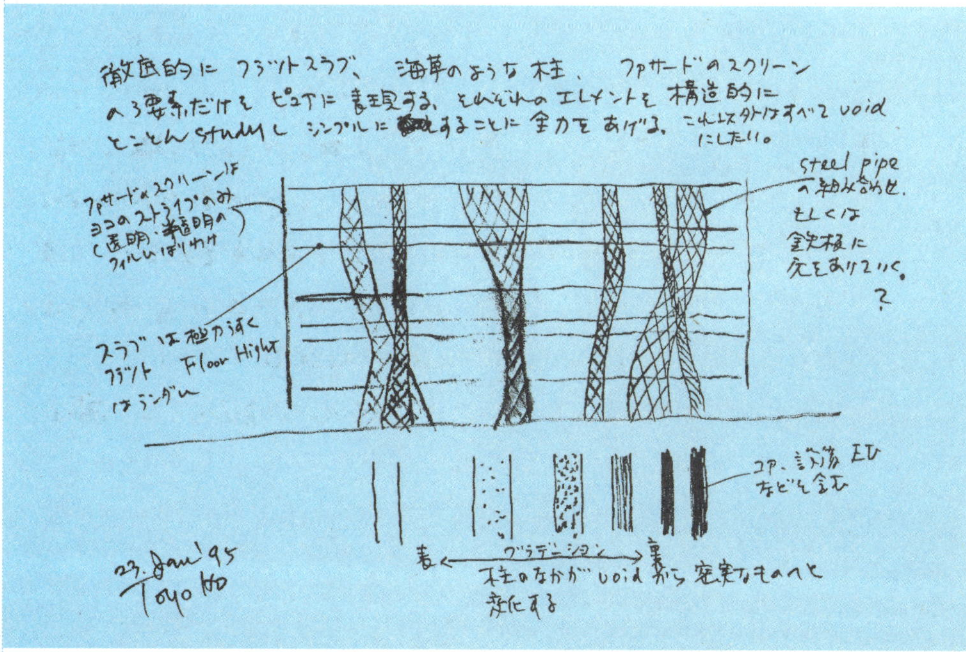

Toyo Ito 센다이 미디어데크를 위한 스케치

'The Table' Junya Ishigami

한편, 건축의 새로운 미적가치로서 '가벼움(Lightness)'의 발견이란 성과를 갖기도 하면서, 구축하여 견고함에서 가벼움을 위한 경구조 건축을 흠모하는 형태로 나타나기도 하고, 종국적으로는 구법의 변화, 혹은 Tube, Plate, Skin으로 건축하는 구성의 변화*라는 또 하나의 변종을 만든다.

중력에 대한 새로운 이해의 출발은 다양한 사고를 가능하게 하고 있지만, 이시가와 준야(Junya Ishigami)의 'The Table' 도전은 몇 가지 관점에서 특별하다.

첫째로, 중력에 관한 한 도전에 형태로서 그 극한을 실험한다는 점이고,

둘째로, 9.5M의 경간을 3mm재료의 물성의 탐색이 수단이 되는 근대적 진지함을 유지하는 일이고,

셋째로, 그것의 결과가 현대적 의사인 긴장과 기이함에 호소하려는 점으로 근대적 의사와 공명하고 있음을 보여주는 것이라는 관점에서 더욱 주목한다.

공명/프로그램의 충돌

도시를 만드는 일이 작동프로그램을 만드는 일이 되고 그에 따른 건축은 간섭을 이루는 관계를 프로그램하거나 조직화하는 일이 되면서, 건축과 도시와 관계는 더욱 이질과 이접의 양상을 보인다.

예측할 수 도, 예측 할 수 없는 일들이 벌어지면서 본래의 의도와는 다른 전용이 생겨나고, 하나의 프로그램이 전혀 다른 프로그램과 충돌하면서 만들어 내는 도시의 또 다른 프로그램이 만드는 사건에 주목한다.

민어 의심치 않았던 프로그램을 담은 공간이 거기 그렇게 계속 있거나 변하지 않음은 모두 사실과 다름을 이제는 거의 모든 건축에서 우리의 주변에서 경험할 수 있다. 어제의 서울역이 오늘엔 역사를 기억하는 박물관이 되는 파리 오르세 박물관을 들비 않더라도 그러하고, 우리 건축대학의 홀은 단순히 조금 넓은 엘리베이터 홀로 예정 되었지만 근사한 김수근교수님의 컴백하면서 때론 강연장이 되기도 하고 때론 파티장이 되기도 작업장이 되기도 한다.

다시 말해 근대가 그렇게도 신성시 하였던 전통적이고 규범적인 인과관계의 상실을 본 것이고, 형태가 기능을 따른다는 오랜 관습의 종속관계에서 상호

김수근홀 빈홀, 행사홀

완전한 교환의 관계로 전환을 뜻한다.

이러한 피할 수 없는 프로그램의 충돌은 편안한 관계로 만들어졌던 건축의 피난처성에 대한 이변이고 충격이다. 더욱이 도시가 이제껏 피하고 감추어왔던 그 이면들을 피할수 없는 도시의 또 하나의 사실들로 수용하여, 새로운 관계를 만듬으로서 지금까지와는 다른 이접과 불연속, 단절과 이질들을 익숙한 문화로 취급한다.

이 수용들은 도시패턴들을 균질하지 않은 이질적 구조로 만들고, 그래서 건축은 이질적인 프로그램 전제할 뿐만 아니라 여러 개의 이질적인 프로그램에도 익숙한 기능의 비순수성이 강조된다.

현대도시에서는 주거 내부에서만 일어나는 일이란 없으며, 특정공간에서만 일어나는 일들이 도시 어느 공간에서도 일어날 수 있어서 이들 프로그램을 더 이상 헌곳에 몰아넣는 관계의 조합이 아니라 분자적인 생성의 관계이다. 나아가서는 프로그램을 지워버린 평면이 등장하기도 하고, 프로그램의 흔적을 지운 공간이라 한다.

그래서 도시를 작동하는 것들 마저도 변하기 시작한다. 역사성이나 정체성을 가진 불변의 장소들에서 상대적 소홀을 보였던 근대의 비장소들, 문화의 혼성체들, 공항, 인터체인지, 도로, 고속도로들 각기 소리를 내지만 둘 이사의 사이에서만 소리를 낼 수 있는 공명의 관계가 도시를 작동한다.

기 대

후근대 건축과 해체주의의 퇴조에도 불구하고 그에 비견할 사조의 지리한 빈곤은 1990년 이후만 셈하여도 이십년이다.

다원성의 점증과 다양한 알고리즘의 인정이 미루어 온 시대정의를 역사화하거나 정의하려는 혹은 정의해야하는 속성은 근대적 건축이 갖았던 진정성에 현대적 분발을 더하거나 새로운 세계관과 신과학이 만드는 이제 것과는 다른 공명의 관계를 조건부로 하고 있다.

후자는 적어도 지난 50년간 지리한 빈곤에 '형태적 풍요로움' 혹은 '쉽고 즐겁다' 로 소통이란 즐거움으로 현대건축을 책임지어주었다. 하지만 그것은 적어도 자부심이 강하고proud, 자신만만하고confident, 불안한insecure 하여 사춘기 같음을 지울 수 없다는 생각을 갖은 필자 같은 종류는 전자에 우둔한 희망을 갖는다.

두개의 건축, 두개의 시계

TWO ARCHITECTURE, TWO WATCHES

한국건축의 비동시성의 동시성

THE CONTEMPORARNEITY OF UNCONTEMPORARY IN KOREAN ARCHITECTURE

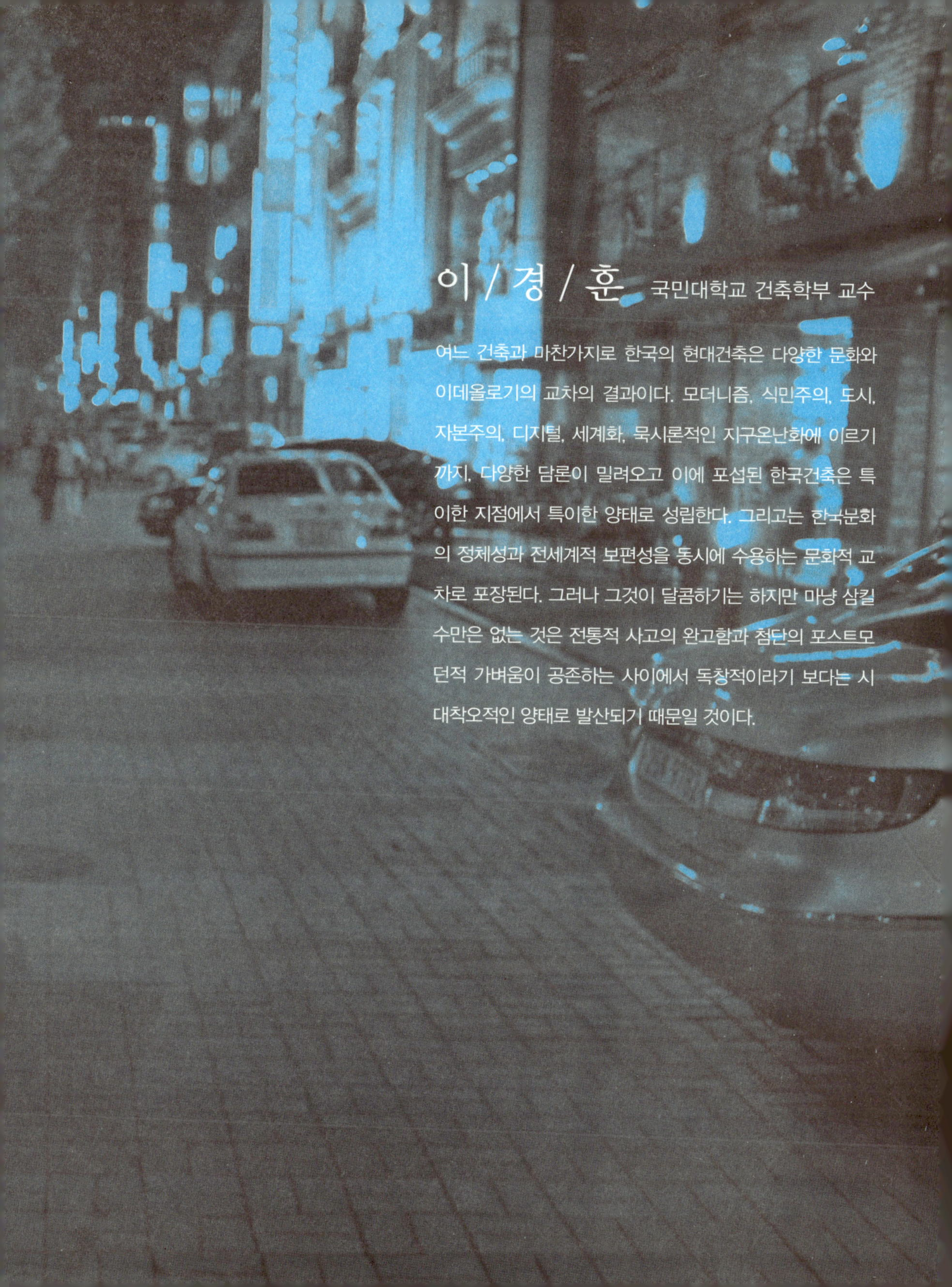

이 / 경 / 훈 국민대학교 건축학부 교수

여느 건축과 마찬가지로 한국의 현대건축은 다양한 문화와 이데올로기의 교차의 결과이다. 모더니즘, 식민주의, 도시, 자본주의, 디지털, 세계화, 묵시론적인 지구온난화에 이르기까지, 다양한 담론이 밀려오고 이에 포섭된 한국건축은 특이한 지점에서 특이한 양태로 성립한다. 그리고는 한국문화의 정체성과 전세계적 보편성을 동시에 수용하는 문화적 교차로 포장된다. 그러나 그것이 달콤하기는 하지만 마냥 삼킬 수만은 없는 것은 전통적 사고의 완고함과 첨단의 포스트모던적 가벼움이 공존하는 사이에서 독창적이라기 보다는 시대착오적인 양태로 발산되기 때문일 것이다.

2009년 다큐멘터리 영화로는 드물게 20만 관객을 모은 영화 '워낭소리'가 화제가 되었다. 주인공 노인은 말 못하는 소를 부인보다 더 가까운 반려자로 생각하는 듯 하다. 때로는 화를 내고 때로는 때리기도 하지만 고된 노동의 동료이자 소중한 친구이다. 40년을 같이 한 후 노쇠한 소는 죽어서 떠나고 외양간은 비게 된다. 드라마보다 감동적인 다큐멘터리를 보며 마음이 편할 수만은 없는 것은 외양간 옆에 놓인 컨테이너 박스 때문이다. 꽤 시간이 흐른 듯한 컨테이너 박스는 노인의 슬레이트 개량주택과 외양간과 함께 천역덕스레 자리를 지키고 있다.

이처럼 공존할 수 없는 두 개의 건축이 공존하는 것, 그리고 그것이 자연스러운 일상으로 받아들여지는 것은 문화교차로서의 한국건축의 상황을 예시한다. 이는 독일 철학자 블로흐(Ernst loch)가 말한 '비동시성의 동시성' 이 건축적으로 표상되는 양상이다. 그는1930년대 독일 사회를 규정하면서 다른 시대에 존재하는 사회적 요소들이 같은 시대에 공존하는 현상을 가리켜 '비동시성의 동시성' 이라고 했다.

모든 사람들이 동일한 현재에 존재하는 것은 아니다. 그들은 오늘 보일 수

영화 워낭소리에 등장하는 컨테이너 박스

있다는 사실을 통하여 외형적으로만 동일한 현재에 존재할 뿐이다. (사실상) 그들은 예전의 요인들을 갖고 있다. 그것이 간섭한다." 피터 버크, 조한욱 옮김,『문화사란 무엇인가』, 길, 2005, p. 51 재인용.

도정일은 한국인은 의식과 태도가 쪼개져 있다며 그걸 '두 개의 다른 시간대를 가리키는 시계' 로 비유했다.

"한국인은 두 개의 시계를 차고 있다. 하나는 전근대의 시간에 멈추어진 왕조의 시계이고, 다른 하나는 무섭게 내달리는 현대의 시계다. 어떤 때는 왕조의 시계에 맞춰 행동하고 어떤 때는 현대의 시계에 맞춰 행동한다." 도정일 · 최재천,『대담: 인문학과 자연과학이 만나다』, 휴머니스트, 2005, p. 189

경제학자인 장하준 교수는 한국적 상황으로 이를 주차표 발매기 옆에선 안내원으로 설명한다. 즉, 인건비가 비싼 선진국에서는 기계로 주차표를 나누어주지만 후진국에서는 이러한 기계가 없거나 비싸서 사람의 손으로 나누어준다는 것이다. 그러나 이 둘 다를 동시에 가지고 있는 한국은 특수한 상황이라는 것이다. 문학평론가 신형철은 "한국의 근대화는 절름발이였다."고 단언한다. 그리고는 물질적 기반이 부단히 갱신될 때 의식의 거미줄들은 채 걷히지 못한 채, 시스템의 근대화가 심성의 근대화를 너무 앞서갔다고 주장한다." 신형철, '거대한 고독, 인간의 지도'-은희경 아름다움이 나를 멸시한다. 해설

이는 건축, 도시의 문제에 있어서 더욱 첨예하고 선명하게 나타난다. 도시사회학자 조명래교수는 한국 도시의 '비동시성의 동시성'을 다음과 같이 규정하고 있다.

하버마스식 공적 담론 영역의 부재로 인해서, 한편에서는 전체 도시공간은 거시적인 체제적 논리를 강력히 투영해내면서도, 다른 한편에서는 현실의 미시적 일상공간은 제도적 규정을 받지 않는 개별화된 논리와 이해관계에 의해 추동 받는 삶의 양식을 담아내고 있다. 이것이 우리의 도시근대성이 가지고 있는 공간적 양태이다. 조명래, 현대사회의 도시론, 한울아카데미 p233

그는 도시성을 제도화하는 국가 또는 체제의 힘이 강하게 흐르면서도 일상

의 미시적인 삶에는 철저한 개인의 욕망과 이해관계에 의해 움직여지는 양극성을 보이며, 도시란 공간은 틀의 형식적 근대성과 내용의 비형식적 근대성이 예리하게 양립한다고 주장한다. 조명래교수의 관찰은 도시로서의 서울의 문제를 타당하고 예리하게 설명하고 있다. 이러한 제도적, 비가시적 근대성의 문제는 건축과 도시의 형태적 측면으로 반영되고 서울은 도시적 결정구조를 완성하지 못하고 산재된 건축의 집합으로 남아있다. 개별적인 건축이 욕망하는 바가 공공의 선(善)과 상충할 때 마다 나타나는 자기중심적 해결은 반도시적 성격의 가장 분명한 원인으로 지적할 수 있으며 이러한 근대성의 맥락에 연결되어있다고 할 수 있다.

이와 같이 근대성의 측면에서 볼 때 서울이라는 도시는 전근대적이다. 그러나 서울의 도시성 또는 비도시적 특성이 서구에서 유행하는 최신의 인식틀안에서 '탈근대적인 것' 으로 받아들여지는 것은 아이러니이다. 그러나 실제로 한국의 건축이 근대성의 수많은 이항대립을 초가집과 컨테이너 박스처럼 아무렇지도 않게 받아들이고 결합하고 내부화한다. 이와 같은 모순적 관계에 대한 혼돈과 혼용은 자연과 문화의 관계가 대표적이다. 근대성의 본질을 반자연성으로 파악하는 미술평론가 그린버그의 태도에서 볼 수 있듯이 자연과 문화는 일종의 대립항으로 성립하지만 한국에서 자연은 일종의 신성한 대상으로 자리잡고 문화의 영역인 도시는 저열하고 불가피한 선택으로 간주하는 오해가 21세기의 한국 건축에서 여전히 '비동시성의 동시성' 을 발견하게 하는 주된 원인이라고 본다.

자연과 문화

자연과 문화는 상대적 개념이다. 여기에서 자연은 나무와 흙, 맑은 물 같은 구체적인 대상을 의미한다기 보다는 말 그대로 스스로(自) 그러한 것(然) 즉, 인간의 의지와 무관하게 스스로 존재하는 대상의 통칭으로 보아야 한다. 같은 맥락에서 문화는 인간의 지력으로 창조한 여러 종류의 제도와 사회적 공간에 대한 광범위한 개념이다. 이성적 계획과 그 결과로 나타나는 도시적 풍경은 자연의 풍광만큼 가치 있기 때문이다. 따라서, 도시는 자연보다 열악하고 타도되어야 할 악이 아니라 자연과는 다르지만 나름의 생태계적 질서와 미덕을 지닌 인간 최고의 발명품으로 보아야 한다.

문제는 자연과 도시를 좋고 나쁨으로 가름하는 이분법적 발상에 있다. 자연과 문화는 대립적인 동시에 상호보완적이라는 레비-스트로스의 말처럼, 이 둘이 우열의 관계이기 보다는 상호 보완적이라는 점에 주목하여야 한다. 도시의 문제라고 생각되는 것들은 도시의 문제라기 보다는 자연이데올로기가 문화의 영역, 도시의 문제에 침투한 어정쩡한 태도의 문제이며, 도시의 본질과는 무관하다. 소설가 이청준은 이러한 도시와 시골, 도시와 자연과의 관계의 동등함을 인식하는 드문 경우이다.

도회의 삶에 비해 보다 자연친화적이고 감성적이며 개별적, 정적, 자족적, 근원적 생존질서의 측면이 승해 보이는 시골살이의 특성이나 그에 비해 보다 인위적이고 이성적(공리적)이며 사회적, 동적, 의존적, 현상적 제도의 측면이 앞서 보이는 도회살이 행태는 어느 한쪽이 보다 본질적 속성이기 보다 양자가 우리 삶의 없지 못할 보완적 양가성일 수 밖에 없었다. 하여 도회에서는 내 근원에 대한 결핍감에 시달리고 시골에서는 다시 끊임없이 움직이고 변화하는 도회살이 속에서 함께 부대끼며 내 정신의 균형과 조화를 얻어나가야 한다는 강박에 쫓기며 도회와 시골 사이를 반복해 오가고 있었다. 이청준, 신화의 시대, 작가의 말 나는 왜, 어떻게 소설을 써왔나, p306

한국의 화가나 작가나 심지어는 건축가도 자신의 작업을 '자연을 닮은'' 자연으로부터 배운' 등의 맹목적 자연주의로 설명하는 것에 비하면 이청준의 태도는 적어도 중립적이다.

어떤 건축도 심지어는 흙으로 빚은 건축도 인간의 지혜와 이성이 만들어낸 반자연적이며 인공적인 환경이다. 자연은 인간의 의지와 상관없이 누구에게나 주어진 조건이다. 문화는 야만을 극복한 인류가 이성으로 생각하고 기획하고 애써 지어낸 인공의 산물이다. 따라서 문화는 필연적으로 반자연이다. 반자연의 과격한 어감이 거부반응을 불러오기도 하지만, 나무를 죄다 뽑아버려야 한다던가 눈에 보이는 모든 것을 새로 만들어야 한다고 주장하는 것은 물론 아니다. 인공이 자연을 훼손한다기 보다는 자연에 대한 인간의 틈입이 그간의 경험과 질서를 바탕으로 삼아 이성적이어야 한다는 전제가 함축되어 있음은 물론이다.

건축은 이와 같이, 자연(nature) 반대편에 서있는 문화(culture)의 영역이며, 태생적으로 반자연적이다. 건축이 모여서 형성된 도시는 더 그러하다. 건축과 다른 건축이 만나고 부딪히는 과정에서 질서가 필요하고, 그 질서는 주어진 것

(자연)이라기 보다는 합의되고 만들어진(인공) 것이기 때문이다.

도시환경은 모든 것이 인공적이다. 발을 딛는 땅이 포장되어 있고, 벽은 인공의 재료이며, 길가의 가로수 조차도 들판의 나무와는 다른 의도된 선택과 이식의 과정을 거친 것이다. 심지어는 하늘마저도 그 윤곽이 건축에 의해 잘려나간 인공적인 모습이다. 이렇듯 도시는 자연과는 다른 배경위에 있고 전원의 건축과는 다른 모습일 수 밖에 없다. 문제는 도시를 열등한 자연의 형태로만 보는데 있다. 전능한 신이 창조하고 인간에게 주어진 것이 자연이라면, 도시는 인간이 신의 흉내를 내며 만들어낸 조악한 복제품이라는 생각이 도시와 자연이 서로 다른 태생임을 잊게 하고 있다.

자연이데올로기와 도시

도시를 정의하는 일은 생각보다 쉽지 않다. 도시에 대한 인상과 경험은 다양하며 개인적 경험을 포함하고 때로는 막연하기 때문이다. 도시는 건축이나 도시공학 뿐 아니라 행정학, 인류학, 지리학이나 경제학 등에서 주요한 관심사이지만 학문으로서의 도시 또한 일관된 정의를 가지고 있지는 않다. 사회학에서는 도시를 사회현상으로 파악하며, 경제학에서는 시장의 기능을 강조하게 마련이다. 전체 인구수를 기준으로 일정 규모 이상이면 '시'의 주소를 부여하는 체계는, 그야말로 행정적 단위에서의 구분법이다. 도시여부를 판단하는데 있어서 밀도나 산업의 형태 같은 기준이 전혀 개입되어있지 않으므로 논의에서 특별한 의미를 띨 수 없다. 항상 우려와 함께 인용하는 통계에 따르면 한국의 도시인구는 전체의 79% 또는 90%라고 한다. 여기에서 도시란 행정구역상 시에 편입된 주소지를 가진 인구수를 말하는 것으로, 허허 벌판에서 농사를 지으며 살거나 외딴 섬에서 고기잡이를 하며 살더라도 주소지가 읍, 면 대신 동으로, 군 대신 시로 되어있으면 도시인구로 파악되는 것이다. 10여년전 시군 통합으로 군 전체가 시로 통합된 지역은 의미있는 변화없이 통계에 있어서 도시로 간주되는 것이다.

현대도시 이론의 중요한 기초를 제공하는 베버는 도시를 역사적 상황에서 나타나는 하나의 제도로 본다. 공통적으로 사회학적 관심과 중세도시의 성장배경을 설명하기 위한 이론이기는 하였으나 정치제도, 또는 신념을 강조하는 점은 유의할 만 한다. 퇴니스는 도시는 고대부터 인간의 생활 공간이었으며 삶을 압도하는 공간적 장치이며 제도라고 말한다. 인간은 기본적으로 서로 어울려 살려는 기본욕구를 가지고 있고 이를 퇴니스는 본연의지(natural will)라 부르는 부모자식간의 희생적인 사랑이나 형제간의 무조건적 친밀감과 같은 것이라고 파악했다.

이처럼 도시의 정의는 복잡하고 다양한데 그 이유로는 도시가 인간의 삶을 담는 공간적 장치라는 기본적인 속성과 무관하지 않다. 사회, 경제, 지리, 정치 등 각각의 영역에서 바라보는 도시의 모습은 관심분야의 개수만큼 다양하기 때문이다. 그 중 공통적으로 합의된 사실은 도시가 비농업인구로 구성된 공동체라는 사실이다. 대표적으로 하울리는 도시를 비농업활동에 참여하는 다양한 전문화된 업종에 종사하는 거주민들로 구성된 영구적이고 비교적 밀집된 주거지로 정의했다. 존 리더는 농부의 거주여부가 도시인지 아닌지를 결정한다고 까지 단정한다.

이러한 도시와 농업의 상관관계는 한국에서의 도시의 문제를 이해하는 요체이다. 오천 년을 농경사회로 살아온 우리 민족에게 있어서 농업과 농업의 주된 에너지원이었던 자연은 도시와는 비교할 수 없는 무게와 의미를 가지고 있기 때문이다. 벼를 키우고 빨래를 말리며 난방과 통풍을 제공하는 자연은 일종의 숭배의 대상이며 이러한 자연주의의 강한 전통은 거부할 수 없는 이데올로기가 되었다. 도저히 논리로서 설득할 수 없는 이데올로기의 위력은 사회 곳곳에 뻗쳐있고 그 기본적이고 맹목적인 당위 때문에 반론이 쉽지 않다. 자연에 대한 애착과 맹종이 지배하는 한국사회에서 '도시는 반자연이다' 라고 말하는 것은 쉽지 않은 일이다.

한국에서 유독 자연 이데올로기가 힘을 발휘하는 데에는 조상에게서 물려받은 훌륭한 건축유산이 한몫을 한다. 한국의 주거 공간은 자연의 공간이라고 하지만, 분명히 자연과 인공의 공간이 있고 그 만남이 절묘하고 아름답다. 자연이 끝나고 인공이 시작되는 경계가 불분명하다. 주변의 산으로부터 온 나무며 흙이며 바람이 촉촉하게 인공의 공간으로 침투한다. 건축이 끝나기 이전에 자연이 시작되고 내가 있기 전에 자연이 있다. 굳이 곧은 나무를 고집하지 않고 적당히 휜 나무도 기둥으로 대들보로 걸쳐놓는 여유가 있다. 정원은 그저 아무 보살핌 없이 놓여진 자연의 일부일 뿐이다. 자연이 씨를 뿌리고 물을 주고 가꿔서 키워내는 자연의 선물이며 거스르지 말아야 할 순리이기도 하다. 싸우지 않고도 이기는 한국건축의 승리는 자연과 힘겨운 투쟁 끝에 승리하여 자연을 제어하고자 하는 서양의 건축과 비교하여 보면 더욱 놀라운 것이다.

그러나 우리 건축의 물아일체적 도취감은 알맹이 없이 오늘로 이어져 자연이라는 말랑말랑하고 달콤한 이데올로기를 생산하였다. 그 거스를 수 없는 이데올로기가 오늘날 천만 인구의 대도시, 서울의 발목을 잡고 있다.

한국의 전통건축은 서울의 인구가 20만이 채 안되던 20세기 초에 끝이 났다고 해도 과언이 아니다. 근대화나 도시화가 본격적으로 시작되기 직전에 일제강점이 시작되었고 성곽과 궁성이 파괴되고 근대주의적 신식의 건축이 강제로 이식이 되었다. 기차역, 중앙청, 은행 또는 백화점 같은 새로운 용도와 그에 걸맞은 신식 건축형태가 식민공간을 만들어 냈다. 도시화는 일제식민지배와 동일시되고, 이는 민족적 반감과 혼합되어 타도의 대상으로 굳어져 갔다. 한국의 전통공간에 대한 향수는 그 대표적 키워드인 자연과 어울려 졌고 자연은 '한' 이나 '흥' 같은 민족고유의 대표어가 되었다. 한국인 몸으로 경험했던 자연은 종교가 되고 신화가 되었다.

인류는 항상 이상향을 꿈꿔왔다. 이상향은 대게 두 범주로 나뉘는데, 파라다이스와 유토피아가 그것이다. 기독교의 경우, 인간이 에덴에서 추방되어 고통의 세계에 살고 있지만, 에덴이 궁극의 낙원으로 대우 받지는 않는 것 같다. 인간이 원하는 것은 결국 지상에 인간 스스로 천국, 다시 말해 神市를 건설하는 것이다. 이 간절한 소망은 토머스 모어의 유토피아를 비롯하여 태양의 도시(Civitas Solis), Walden Two, Nova Atlantis, 율도국 등으로 묘사되었다. 이는 분명히 에덴과 다른 종류의 이상향이다.

2011년 강남대로_인도위의 주차, 노천카페, 손수레, 미디어폴이 어지럽게 공존한다.

에덴이 주어진 것이고, 유기질적이며, 분화되기 이전의 자연상태라면, 지상의 천국은 인간의 상상력과 이성에 의해 기하학적으로 구축된 세계에 가깝다. 성경에서 묘사된 에덴은 숲이 우거지고 먹을 거리가 풍성하며 남녀의 구분조차 무의미한 분화 이전의 상태이다. 사과를 따먹지만 않는다면 기후나 시간의 변화도 없는 세상이다. 반면, 인류가 도달하고자 하는 천상의 도시(Heavenly City)는 넓고 곧은 길과 황금으로 된 커다란 건물들과 화려한 의복 같은 비자연적 메커니즘이 지배하는 장소로 묘사된다. 이러한 에덴과 천국의 구분 즉, 복수의 이상향의 개념은 비단 기독교뿐 아니라 다양한 종교문화에서 공통적으로 나타난다. 이는 인간이 문명화되고 스스로의 의지로 통제할 수 없는 세계에서 벗어나 개명한 세계로의 전진을 의미한다. 이러한 천국의 세속화된 표현이 도시이며 천국을 향해 활짝 열려있는 창이다.

두 개의 건축

여느 건축과 마찬가지로 한국의 현대건축은 다양한 문화와 이데올로기의 교차의 결과이다. 모더니즘, 식민주의, 도시, 자본주의, 디지털, 세계화, 묵시론적인 지구온난화에 이르기 까지, 다양한 담론이 밀려오고 이에 포섭된 한국건축은 특이한 지점에서 특이한 양태로 성립한다. 그리고는 한국문화의 정체성과 전세계적 보편성을 동시에 수용하는 문화적 교차로 포장된다. 그러나 그것이 달콤하기는 하지만 마냥 반길 수만은 없는 것은 전통적 사고의 완고함과 첨단의 포스트모던적 가벼움이 공존하는 사이에서 독창적이라기 보다는 시대착오적인 양태로 발산되기 때문일 것이다. 한국건축의 '비동시성의 동시성' 은 오늘도 천만 인구의 메가시티 서울에 남향아파트를 세우고 쾌적한 도시를 외친다. 여기에 '섹스앤시티' 류의 쉬이크함이 뒤섞여서 도시의 이미지를 생산하고 여과 없이 소비된다. 패티킴에서 보아에 이르는 서울 찬가에 관통하는 꽃이 피고 새가 우는 도시의 이미지는 지난 40년간 변하지 않는 이상향으로 대표적인 문화지체를 이루고 있다고 본다.

모든 문제의 근원을 도시에서 찾고, 미완의 도시가 이루어내는 결핍을 반도시적 시도들을 통해 문제를 확대하고 재생산하는 악순환의 고리를 가지고 있으며 이는 친환경이나 생태 같은 구호들에 의해 더욱 공고해 질 전망이다. 그러나 도시는 리더의 말처럼 자원과 공간을 효율적으로 사용하기 위해 고안되고 발전하여왔다. 도시는 골치거리가 아니라 문제해결의 방식인 것이다. 따라서 한국의 대표도시로서 서울은 문화교차라기 보다는 문화지체의 관점에서 볼 때 더욱 선명하게 그 문제를 파악할 수 있다.

도시의 문화지체의 문제는 다시 건축의 문제로 전이된다. 건축과 도시가 관계를 맺는 방식은 대게 세가지 양상으로 살펴볼 수 있다. 유럽의 유형학에서 보여지는 것처럼, 건축 형태의 마르지 않는 샘물로서 도시를 참조하는 경우이다. 허허벌판의 황무지에 지어지지 않는 이상 건축은 도시의 영향아래 있게 마련이고 거시적 형태의 주요한 준거로서 도시를 참조하는 태도이다. 둘째로는 도시조직의 일부로서 건축의 역할을 이해하고 도시적 맥락을 최대한 수용하되 공간으로서 건축의 의미를 최대한 부각하여 외부 형태에 대하여 수동적이며 소극적 태도이지만 그 공간의 창발에 집중하는 경우이다. 마지막의 태도는 도시를 관념적이며 추상적인 구호로 외치며, 형태와 표피의 세부조직으로 도시의 모티브를 폭력적으로 삽입하는 경우이다. 따라서 이 경우의 도시는 매우 평면적인 이차원의 대상으로 인식된다. 지난 세기말과 금세기 초에 대유행을 일으킨 네덜란드 류의 건축이 해당된다고 본다.

이처럼 현대건축에서 개별 건축가들의 태도와 상관없이 도시와 건축의 관계는 연속적이며 서로의 원인이자 결과이다. 도시는 건축을 포용하며 건축은 도시를 욕망하는 서로의 오이디푸스이며 서로의 형제이다. 따라서 한국 현대도시

밀레, 만종, 1859 농촌의 고된 노동이 예술의 대상이 되는 것은 프랑스가 농경사회에서 벗어났음을 알리는 신호이기도 하다

에 대한 오해와 문화적 편견은 한국 건축에 대한 오해로 고스란히 남을 수 밖에 없으며, 한국 건축을 초가집과 컨테이너 박스 사이의 지점들을 표류하게 한다.

밀레의 1859작 '만종'은 바르비종파의 자연주의 경향의 정수로 알려져 있지만, 이는 프랑스 사회가 농경사회가 아닌 산업사회로, 농촌에서 도시로 진행하였음을 알리는 징표이기도 하다. 농사일의 고된 노동과 척박한 자연이 관조할 수 있는 예술의 대상이 될 만큼 실생활과 멀어진 '향수'의 대상이 되었기 때문에 가능한 작품이다. 마찬가지로 영화 워낭소리는 한국 사회가 완벽하게 산업사회로 도시로 이동하였음을 확인하는 느낌표이다. 90퍼센트의 인구가 도시에 살고 절반 이상의 인구가 아파트에 사는 후기산업사회에서 소와 농부의 우정은 눈물겹도록 감동스럽다. 하지만 초가집과 컨테이너 박스가 함께 있는 영화의 장면은 감동으로 받아들일 수 만은 없는 씁쓸한 '비동시성의 동시성'이다.

추상과 구상

ABSTRACTION-MATERIALIZATION

최 / 혜 / 정

국민대학교 건축학부 교수

보이는 것을 마주하면서 보이지 않는것을 찾으려는 자세, 만질 수 없는것에 대한 열망이 끊임없이 표출되고 소비되는 물질세계. 문화는 이 둘 사이 그 어느지점을 방황한다. 추상과 구상의 교차는 언제 어디서나 쉽게 찾을 수 있으며, 문화적 실행은 이 두 욕망의 긴장감에 의해 발화하고 진화한다. 헤아릴 수 없는 빗면들과 변수들은 이해할 수 없다. 다만 그 내부에 위치해 있는 우리 스스로를 인식하는 동시에 느슨해질 때, 우리는 문화적 작용들에 대해 좀 더 열릴 수 있다.

Prologue

추상작업은 대상이나 세계로부터 '물질'을 완전히 제거해 나가는 작업이다. 반면 구상작업은 물질을 덧 입혀 감으로서 좀 더 선명하고 명확하게 보이기 시작한다. 물질과 현실에서 멀어지기 위한 작업과 현실에 가깝게 가기 위한 작업은 서로 갈등하지만, 서로에게 없어서는 안될 존재이기도 하다. 건축작업은 물론이며 우리가 교육에서 실행하고자 하는 디자인 스튜디오는 바로 이 두 양면의 교차작업이다. 역사적으로 이 두 측면에 대한 건축의 고민은 서로 면밀하게 엮이면서 진행되어왔다. 이 교차작업 안에서 밀고 당기는 이 두면은 좀 더 자세히 살펴보면 다양한 스케일과 빗면들을 지니고 있으며, 서로 갈등하고, 충돌하며, 대화하기도 하고 모순이 되기도 한다. 그 사이와 긴장, 갈등 안에서 무언가가 끊임없이 만들어지고 드러난다는 것...건축에서는 없어서는 안될 영양분이자, 위기이자, 기회이다.

건축에서의 추상과 구상작업은 표면적으로 이론과 실행사이의 대화, 갈등, 그리고 대립에서 반영되어 왔다. 이론과 실행의 서로에 대한 딜레마는 건축의 역사가 전개되는 오랫동안 주축을 이루고 있는 화두였기 때문이다. 모든 분야가 그렇듯이, 건축의 전개과정도 그 시대의 사회적, 문화적, 경제적인 풍경과 맞물려 진행되어 왔고, 건축이론을 통한 추상작업과 건축실행을 통한 구상작업은, 건축이 그 시대에 맞서는 주체성을 성립하고 유지하기 위한 없어서는 안될 도구였다. 다시 말하면 건축이라는 커다란 괄호 안에서 이 양극이 서로 밀고 당기는 그 긴장감의 전개가 오늘날의 건축을 설명하게끔 하였고, 건축문화를 끊임없이 다듬어 왔다는 점이다. 이 두 극이 서로 밀고 당기는 긴장감과, 서로 부딪히는 갈등-교차의 사이 그 어딘가에 건축이 있다. 모더니즘의 실패를 절감하고 포스트모더니즘의 반응으로 이어진 것도 이상향과 현실의 괴리감에 대한 죄책감과 그로 인한 첨예한 대립에서부터 비롯된 것 이었으며, 유럽에서 미국으로 수입된 모더니즘이 사회적 이상향의 연결고리는 쏙 빼놓고 껍질만 받아 들여지면서 최적의 자본주의적 소비상품이 된 것도 바로 이론과 실행의 불일치함에서 비롯된 추상과 구상의 교차적용의 산물이다. 1960년대의 포스트모더니스트적 사고는 과거 건축의 과오를 학문적, 실행적인 껍질벗기의 과정을 통해, 건축이 스스로를 자가 성찰하고 내부적으로 재 고찰이 가능하도록 비평적 사고를 가져다 주었고, 이러한 이의제기는 건축이 스스로를 수정, 비판, 확장 할 수 있는 자가고찰 능력이 있음을 다시 한 번 상기시켜 주었다. 현대건축에 대한 논의, 즉, 담론이 이론-실행, 추상-구상의 교차작업을 빼놓고는 이야기 될 수가 없는 이유다.

추상—구상의 교차는 언제 어디서나 쉽게 찾을 수 있다. 단지 사유의 방식과 관찰의 방식이기 때문이다. 그 방식에 우리 스스로가 의식적인 이상, 우리는 얼마든지 교차를 향한 열려있는 자세를 취한다. 이미 드러난 교차 현상을 읽어가는 것도 중요하지만, 교차를 인식하고 경험하여 그 결과를 깨달아 가는 과정은, 우리에게 앞으로의 교차에 대해 좀 더 능동적 역할을 수행해야 함을 가르쳐준다. 따라서 교차는 의지가 중요하고, 열려 있을 만한 느슨함에 그 핵심이 숨어있다. 순차가 아닌 역순도 있을 수 있음을 인지하고 실행할 의지가 있어야 하며, 고정적인 것들에게는 항상 일시적인 유연함이 동시적이라는 것을 받아들임도 필요하다. 교차는 그래야만 더욱 의미가 있다. 교차함은 두 면의 문제가 아닌, 내 자신, 즉, 사이와 과정을 통해 만들어지고 있는 '진행중의' 나의 문제이다. 내 자신이 어디 출신이고, 어디에서 비롯되었는지, 어디로 왔는지는 과정에 비해 중요하지 않다. 어차피 나는 이미 만들어졌기도 하지만, 현재진행형이기도 하고, 미래지향형이여야 하기 때문이다.

우 연 – 의 도

학생시절, 교수님이 하셨던 말씀이 생각났다. "손과 머리가 서로 같이 움직여야 한다. 우리는 머리에 너무나도 월등히 익숙하고 머리에 모든 것을 정리한 다음에야 손을 쓴다. 지금 우리가 해야 할 일은 손을 좀 더 쉽게 움직이는 것, 머리의 속박에서 좀 더 자유로운 손을 만드는 일이다. 그게 안되면 술을먹던, 마약을 하던...의식적으로도 머리를 교란시켜 반무의식적으로 손이 먼저 드러나게 하자." 당시 이 교수님이 해 주셨던 말씀은 충격적이면서도 전혀 공감도 안되고 무슨 의미인지도 알 수가 없었던 기억이 난다. 그도 그럴것이, 어차피 교수님이 우리에게 주셨던 과제는 이해도 안 되었을 뿐만 아니라, 의식적으로 무엇을 의

도하기에는 너무나 복잡다단한 질문들이 담겨있었다. 결국 학생의 입장으로서 '반'은 내가 이해했다는 생각으로 접근했고, '반'은 내가 이해는 못 했지만 '그냥' 했던 기억이 난다. 재밌는 사실은 크리틱시간에 교수님이 내것에 대하여 가장 길게 열중하여 말씀하시는 그림이나 모형들은 내가 '그냥' 했던 작업들이었다. 그 당시 교수님의 말씀을 들어보면 '전혀' 내가 '그냥' 한 것이 아니었으며, 오히려 내가 생각해보지 못 했던 개념적 이야기들과 해석이 나왔었다. 설계작업이란 것은 어쩌면 '반', 혹은 그 이상으로 교수님들과 동료들과의 토론과 해석으로 다듬어져 왔는지도 모른다는 생각이 든다.

머리로 정리가 되지 않은.. 아직은 즉흥적인 손, 그리고 항상 거르기를 거치는 머리...20년이 지난 지금, '손을 머리보다 우선시 해보는' 작업은 내가 설계 스튜디오에서 가장 중요시하는 자세 중 하나가 되었다. 끝까지 손만 간다면 문제가 있겠지만, 우리는 지나치게 머리에 모든 것을 의존한다는 점을, 이 작업을 어려워하는 학생들과 하면서 항상 깨닫는다. 여기서 손이 먼저 행동한다는 것은 꼭 '아무런 생각이 없는 행동'이거나 '우연적'이 결코 아니이며, 단지 반무의식적일 뿐이기에, 아직 머리로 걸러지기 이전의 것이다. 손으로 만들면서 직접 경험하고, 눈으로 보고 읽으려 하면서 무언가를 찾아내는 발견의 작업이다. 100% 우연이기 보다는 부분적인 우연이고 건강한 우연이다. 외부환경에 우리도 모르게 길들여진 우리의 머리를 마치 기분전환을 하듯이 새로운 생기와 개념을 불어넣는 것과 같은 것이다. 손과 머리의 교차, 우연과 의도의 교차가 좀 더 창의적인 발상과 발견을 위한 것이라면, 창작에 임하는 우리의 의지나 자세도 달라진다.

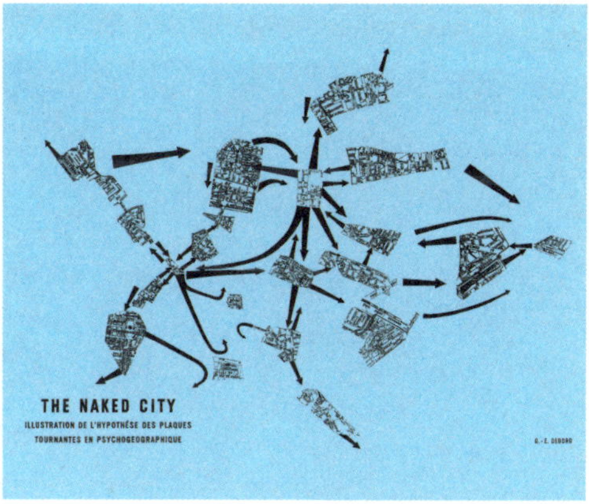

Naked City, G. Debord, Situationist International 1958

오늘날 현대건축가 들에게 가장 중요한 영감을 주었던1960년대의 국제상황주의(Situationist International)는 일상 안에서의 혁명의 시초 점인 삶을 재창조 하는 과정에서 스스로를 해방시키는 것에 대하여 열중하고 열변하였다. 그 중 가장 첫 번째 적인 방법은 사람들이 스스로 단련되어진 습관적인 사고방식과 행위들의 속박에서 자유로워지는 것이었으며, 이는 그들이 추구했던 '표류'(Derive), '전용'(Detournement)에서 우연적이고 반무의식적인 행위와 사건들을 기록하고 그 이미지들을 해체, 전복, 재배치하는 그림들과 콜라쥬(collage), 모형들로 표현되고 다듬어져 나갔다. 그들의 그림들은 전형적인 회화나 지도, 스케치의 탈 구축이었으며, 그림 안의 요소들이 작업자에 의해 의도적으로, 그러나 즉흥적으로 가볍게 전복되어 본래의 역할과 무게, 의도를 상실한다. 즉흥적인 전용에 의해서 의도가 혼재되고, 표류에 의한 지도(map)가 재구축되는 과정에서 우리가 알고 있는 기존의 도시, 고정관념의 도시가 흔들리는 상황이 오는 것이다. 상황주의자들이 표본과 영감으로 삼았던 호이징가(J. Huizinga)의 '유희하는 인간-Homo Ludens'도 바로 이러한 즉흥성, 즉, 의식과는 거리가 먼 우연성과 유희의 가벼움을 띈다. 그들이 추구했던 모든 혁명의 근원, 바로 스스로에게서 시작되는 일상의 혁명은 바로 이러한 즉흥성과 우연이 주는 새로운 즐거움과 가벼움의 잠재성을 추구함에서 비롯되는 것이며, 동시에 새로운 깨달음과

Asger Jorn, Grand basier au Cardinal d'Amerique, 1962

단서를 제공해주는 첫 번째 움직임이 되는 것이다.

손이 우연적으로 만들어낸 것을 믿어본다는 것은 위험하기도 하지만, 그래서 기회이다. 이 기회조차 마저 우리에게 없다면 창의적인 작업은 심적으로 너무 고통스럽지 않을까.

그 림 – 모 형

앞의 이야기의 연장선으로서, 그리고 좀 더 건축적인 차원으로 들어와서, 오랫동안 건축의 표현방식은 가장 통속적이고 전형적인 언어체계를 벗어나지 못하는 내성을 지녀왔다. 건축에서 도면과 모형은 기하학적 원리와 수치, 스케일, 구조 등…건축이 나타내고자 하는 성격들을 그 고유의 언어체계로 재현하여 소통하는데 사용되어 온…하나의 코드화 된 언어인 셈이다. 이 암묵적 동의로 이루어져 답습되어 온 도면과 모형은 몇 세기동안 그대로 유지가 되어오는 체계이며, 언어이며, 문화이다. 르네상스, 바로크, 모더니즘(러시안 아방가르드), 포스트모더니즘 등 간간히 이러한 관습적인 건축의 언어는 다양한 방식의 자체적인 공격을 받곤 했다. 그럼에도 불구하고 우리가 오늘날 그려내는 도면과 모형은 1세기 이전과 크게 다르지 않다.

교차 1

오래 전 건축의 표현은 온전히, 그리고 실제로 '공사'와 '구현'을 위해 쓰여졌다. 도면과 모형은 말 그대로 앞으로 지어져야 할 건물의 축소된 스케일로의 표현이었으며, 도면화 하고 모형이 만들어진다는 것은 실질적으로 현실화 될 예정임을 의미하는 하나의 직접적이고 중요한 단서였다. 그래서 이들은 이미 끝나버린 과정의 결과물에 대한 재현, 즉, 곧 지어질 건물의 축소된 모형으로의 재현이었으며, 마지막 결과물이었으며, 결과물의 묘사와 설명이었기에, 반복이고 중복이었다. 이러한 반복적 재현이 전부였던 건축적 표현의 전환점은 르네상스부터 시작된다. 신이 아닌, 인간과 인간의 관찰이 더 중요해진 15세기, 브루넬레스키(F. Brunelleschi) 는 소실점이 있는 선형 투시도법을 발전시키면서 인간이 세상을 바라보고 묘사하는 방법에 중요한 전환점을 도래한다. 수학적으로 구축되지만, 결코 수학적으로 보이지 않을 수 있는 새로운 표현방법, 이는 건축이 고질적으로 지니고 있던 도면들의 2차원적 평면성과 병렬성의 한계를 해소시키고, 2차원의 표현 안에 입체적인 내용과 형식을 담아낼 수 있는 하나의 중요한 테크닉이 되었으며, 건축뿐만이 아니라 예술, 특히 회화에 수용이 되면서 건축표현과 예술표현이 공유할 수 있는 언어가 되어버린 것이다. 건축표현과 예술표현의 새로운 교차가 도래한다.

투시도에서 우리는 '정말 세상이 이렇게 보이는구나' 하는 완벽한 착란을 일으킨다. 관찰하는 인간의 눈과 보여진다고 생각되는 대상이 서로 연장선을 그리며 하나의 지각방법으로 굳혀지는 순간을 만들어낸 것이다. Perception과 conception 이 서로 맞물리기 시작했다. 실제 세상의 재현이지만, 허구이다. 실제적으로 존재하지 않는 투시도적 세상이다. 바로 인간의 눈과 관찰이 허구화시킨 하나의 착시이다. 뭐 그러면 좀 어떠한가. 건축에서 사용된 투시도 기법은 더 이상 실제의 '구축' 에서 분리된, 그 자체만의 논리로 발화된 표현방식으로 건축적 표현을 단순한 수치적 재현에게서 멀어지는 결과를 만들었고, 건축을 회화화, 인문화 하는 데에 기여하였다. Perez-Gomez, A. & Pelletier, L. Architectural Representation and Perspective Hinge. (Cambridge: MIT Press, 1997)

교차 2

1899년 쇼와지(A. Choisy)의 해체된 액소노메트릭 그림은 건물의 형상을 빗면의 구도에서 잡아내지만, 정확한 수치와 방식으로 구현된 표현이었다. 평면적인 평면과 단면을 기울여 놓은 구도로 새롭게 병렬시킨 표현은 도면의 또 하나의 다른적용이기도 하였지만, 도면에 기록되는 전형적인 수치들을 압축하여 시각적인 기호로 풀어낸 다이어그램이기도 했다. 쇼와지의 해체된 액소노메트릭이 투시도와 다른점은 바로 위계의 부재이다. 무엇이 가깝고 무엇이 가장 중심에 위치해 있고 다른 것이 소실되는지에 대한 위계와 강약이 없는 대신, 모든 요소들이 같은 방식과 평행한 거리감으로 동등하게 나열되어 있다. Ibid. p.85

액소노메트리가 지니는 모든 각도에서의 평등함과 객관적인 자세는 분명히 투시도와 다르다. 주관적 위계와 선호가 없는 객관성을 지닌 중성적 그림이면서도 평면적 도면을 어떻게 해체하고 나열하느냐에 따라서 그 스토리가 구축되어진다. 표현을 만들어내는 또 하나의 방법, 건축표현에 있어서 또 하나의 옵션이 드러난 순간이다.

교차 3

1930년대 러시안 아방가르드(Russian Avant-gardes) 작가 중 엘 리시츠키(El

Lissitzky)는 방대한 양과 질의 작업으로 공간적 표현방식을 흔들어 놓는다. 프로운(Proun)시리즈를 통해 2차원 캔버스 속의 물체들은 마치 공간을 떠다니는 듯한 구성을 취하고, 다양한 대상들이 그의 공간적 실험과 탐구에 응용이 된다. 이 그림의 주인공은 그림안의 대상과 개체들이 아니며, 바로 대상과 개체가 나열되고 움직이는 듯한 공간이 주역이다. 대상과 개체는 사실적 설명이 가장 축약되어 점, 선, 면 등의 형태의 가장 기본적인 추상적 기하학의 모습을 취하며, 이 추상적인 요소들은 서로 관계를 형성하면서 움직임(movement)과 모션(motion)을취하는 듯 한 표현을 성립한다. 회화적 표현에 대상보다 관계와 움직임, 거리감, 간격 등이 더욱 적극적으로 개입이 됨은 회화와 시간, 공간이 서로 자기영역을 넘어서 새로운 관계성을 형성하게끔 하는, 새로운 매체와 역할의 놀이공간으로 탈바꿈하는 것이다. 절대주의 화가인 말레비치(K. Malevich)와 러시아의 대표적인 추상주의 작가인 칸딘스키(W. Kandinsky)에게 동시에 영향을 받았지만, 리시츠키의 탐구작업의 중심에는 전통적인 회화가 고질적으로 지니고 있던 제한된 공간을 극복하는 데에 있었다. 물리적, 구성적 한계를 극복하고 새로운 자유와 무한대의 연속성을 취할 수 있는 공간으로의 2차원 캔버스의 가능성, 대상과 개체가 설명과 묘사를 취하는 단수적인 방식이 아닌 다각도로 보여질 수 있는 각도가 가능한 기법, 시간과 공간이 주어진 것보다 더욱 연장되고 확장되기를 추구했다. 프로운 시리즈는 앞서 얘기했던 평행으로 투사되었던 쇼와지의 액소노메트릭을 2차원의 물리적 한계에서 극복하고, 시공간적으로 무한연장 시키고자 하는 새로운 노력이었으며, 그렇기 때문에 동시적이고, 역행이 가능하며, 따라서 새로운 일관성을 성립시킬 수 있다. 러시안 아방가르드가 추구하고자 했던 새로운 사회주의적 이상향, 새로운 이상향의 기하학과 그들의 보

F. Brunelleschi, Drawing for Church of Santo Spirito, Florence (1434–82)

편적 적용을 나타내기 위한 가장 적절한 길에 대한 열망과 실험정신의 결과였으며, 이로인해 러시안 아방가르드는 그 정점을 찍는다. 리시츠키는 투시도의 소실점은 곧 캔버스 그 어딘가에 "한계점"이 있다는 가정을 의미하고, 그 가정은 결국 한정된 공간을 의미한다고 주장하며, 곧 이 논리안의 소실점들을 그대로 연장한다는 의지는 말이 될 수 없는 비합리적인 공간의 성립을 의미한다고 이야기한다. (El Lissitzky's"A. and Pangeometry" (1925), (Cambridge: MIT Press, 1970)). 그가 응용하는 평행선의 액소노메트리적 투사는 사라져버린 소실점에 대한 낯설음의 새로운 상징적 표명인 동시에, 비합리적인 공간의 새로운 이상향을 제시해준다. (Allen, S.Practice: Architecture, Technique and Representation, (Amsterdam: Overseas Publishers Association, 2000))

주체 – 객체

추상과 구상작업은 마치 땅에서 한 번 멀리 올라가다가 다시 내려가는 것처럼, 본래의 지점에서 한 번 멀어졌다 다시 접근하는 것과 같다. 추상작업이 물질에서 멀어지는 작업이라면 구상작업은 다시 물질과 가까와지는 과정. 결국 다시 돌아오는 것인데, 왜 멀어져야 할까. 다시 돌아옴은 곧 땅에서 멀어질 때와 같은 상태나 지점으로 복귀하는 것이 아닌, 전혀 다른 마음가짐으로 돌아온다는 것을 의미하기 때문이다. 건축의 추상-구상 작업을 '보는 작업'과 '하는 작업'으로 예를 들어보자. 그림을 보는 입장과 그림을 그리는 입장은 분명 다르기 때문이다. 다이어그램과 같은 추상적인 매체를 작업할 때, 우리는 보는 시점의 위주로 그림을 그린다. 물질성이 가장 압축되는 그림이기 때문에 가장 최후에 남는것들의 관계성이 모든 이야기들을 이끌어 나가기 때문이다. 따라서, 추상작업에는 관계성만이 남게되며, 모든 읽기는 요소가 아닌 그들의 관계로 읽혀진다. 이 관계가 다시 가시적이 되려면, 얻어서 가지고 돌아갈 그 '무엇'이 있어야한다. 우리의 추상작업은 표현된 관계속의 그 '무엇'을 질문하고 얻어내기 위한 작업이다. 질문을 한다는 것은 의지를 의미하고, 더 앞으로, 가시적으로 전진하겠다는 의지로 만들어내는 그림이 곧 다이어그램이 되어야 한다는 뜻이다. 그림의 객체-주체의 관계가 혼재될 때, 우리는 다른 무엇인가를 드러낼 수 있고 그것에게서 배울 수 있는 여지를 만들어낸다. 객체-주체의 교차가 이루어지는 그 사이지점 어딘가에 또 하나의 유동장치-transcription device가 생성되어 가는 것이다. 앞으로 갈 수 있는 엔진을 만들어가는 작업이다.

이러한 교차 작업은 논리적으로 당장 설명이 되지않는 모호함이 숨어있다.

그래서 힘들기도 하지만 즐겁기도 하다. 즐기기 위해서는 머리로 이해하고 판단하는 것을 최대한 유보시켜야 하며, 그 자체에 집중하고 열중해야만 땅에서 멀어질 용기가 생겨난다. 손의 작업이 즐거워지기 시작하는 그 순간에 우리는 머리에 대한 기대에서 좀 더 자유로와지고, 머리의 압박에서 벗어나기 시작한다. 무엇이 손이고 무엇이 머리인지 더 이상 구분이 모호해질 때가 기대가 되고 흥미로와지는 순간이다. 앞서 호이징가의 말을 다시 빌려서, 문화가 정작 유희와 놀이에서 비롯되는 것이라면, 건축은 끝에 결과로 위치해 있는 것이 아니라, 끊임없이 새로운 교차의 즐거움을 유지하고자 하는 의지와 발견해 나가는 그 간격 어딘가에 자리잡고 있을지도 모른다.

기술과 감성의 교차

BETWEEN TECHNOLOGY AND SENSIBILITY

나 / 창 / 순 국민대학교 건축학부 교수

건축은 기술과 감성이 엮어 만든 직물에 비유된다. 시대에 따라 이들 관계는 역동적으로 엮이며 한 시대의 건축문화를 창출해간다. 때로는 기술이 감성을 지원하기도 하고 때로는 기술이 건축을 결정하거나 주도하기도 하면서 건축양식의 변화를 만들어낸다. 기술이나 감성 모두 큰 틀 안에서 문화의 한 일부이며 기술과 정신의 조화로운 결합을 통해 현대건축문화의 한 장을 수놓는 것은 건축가와 엔지니어가 고민해야하는 과제로서 남겨져있다.

1. 서 론

건축은 흔히 직물에 비유된다. 기술이라고 하는 날줄과 감성이라고 하는 씨줄이 서로 교차하며 엮어가면서 옷감을 만들어 가는 것이다. 우리는 이 옷감을 한 시대의 건축문화라고 할 수 있을 것이다. 기술이라고 하는 날줄에는 구조, 재료, 공법과 같은 현실적이고도 지극히 이성적인 분야가 들어가 있는 반면 감성이라고 하는 씨줄은 이미지, 예술, 조형, 형태와 같은 지극히 감성적인 내용을 포함하고 있다. 이 두 개의 직교하는 두 벡터(vector)는 수평과 수직을 채우고 채색해가면서 건축이라는 직물을 만들어가고 있다. 기술과 감성의 이 관계는 건축에 있어서 역사이래로 계속 이어져 오고 있다. 물론 기술이라고 하는 분야는 과거 이래 꾸준하고 지속적인 발전을 이루어왔고 감성이라고 하는 분야도 역시 그 시대에 따라 달라지는 고유한 색상을 갖추었다. 현대의 기술이 급속히 발달되었다고 해서 과거의 기술이 전혀 의미없는 것은 아니다. 판테온(Pantheon)이나 하기아 소피아(Hagia Sophia), 그리고 꽃의 성당이라고 불리는 피렌체성당(Santa Maria del Fiore)에서 보여준 건축기술은 그 당시에 있어서는 최선의 것을 적용하였음에 틀림없으며 그 시대의 시대기술임에 분명하다. 또한 여기서 표현하고자 한 이미지나 감성은 그 시대에 있어서의 형태의지이자 시대정신인 것

고대의 건축 양식_판테온 신전, 피렌체 성당, 하기아 소피아

또한 분명하다. 모든 것이 급속도로 변화하는 오늘날의 관점에서 보면 비록 이들이 건설된 500년, 1000년의 시차에 비해 그 기술이나 형태의 조형성은 크게 발전하거나 변화를 보여주었다고 할 수 없을지는 몰라도 기술과 감성이 조화롭게 교차되며 축조된 이들 걸작물에는 한 시대의 건축양식이 배어나는 어떤 위엄과 장중한 감동이 시간을 초월하여 전해진다.

과거에서 현재에 이르기까지 기술과 감성은 늘 교차하며 건축에 녹아들어간 것은 사실이지만 그 조화를 감당한 주역까지 동일한 것은 아니었다. 딱히 직능의 구분이 없었던 고대에서 중세에 이르기까지 근대이전의 시기에는 architect라고 하는 책임사가 얽히고 설킨 씨날줄을 능란하게 엮어왔다. 이 시기의 architect는 오케스트라의 지휘자와 같은 조정자의 역할을 감당했다. 딱히 어떤 전공을 가졌다기보다 예술, 수학, 과학, 그리고 인문학 등 오늘날 우리 관점에서 볼 때는 만능인에 가까운 재능을 갖추고 설계에서 시공까지 능수능란하게 진두지휘하며 기술과 감성의 씨날줄을 엮어가는 모습을 보여준다. 그러나 근대이후, 엄밀히 말하면 강철과 콘크리트와 같은 현대식 재료의 등장이후 이러한 역할에는 큰 변화가 일어난다. 날줄을 구성하는 기술은 기술대로, 또한 씨줄을 구성하는 감성은 감성대로, 각 분야는 고도의 전문화를 갖추며 분화하기 시작했다. 물론 이 두 직물을 엮는 역할은 architect의 이름을 물려받은 건축가가 해내고 있지만 이 분업화한 시대에서 엄청나게 전문화한 기술 분야의 전문지식을 섭렵하기에는 그 습득해야할 지식의 양이 과거와는 비교할 수 없을 만큼 방대할 뿐만 아니라 이미지, 감성의 씨줄을 감당하는 전문가로서의 대중의 기대치 또한 현저해진 만큼 여기에 고민하고 집중하기에도 벅찬 시대가 되었다. 또한 여기에 더하여 경제성, 상업성을 내세운 자본에 의한 압박은 이 시대의 건축문화가 단순히 씨줄과 날줄의 2차원적인 구도에 머물러 있는 것을 허락하지 않으며 보다 복잡한 3차원적인, 아니 그 이상의 복잡한 구도로 몰아가고 있다.

2. 19세기 이전의 건축

Architect 와 Architecture

19세기 이전의 건축은 나무, 돌, 벽돌, 흙 등과 같은 전통적인 재료를 사용하던 시기를 말한다. 이때의 건축은 전통적인 재료가 가지는 한계, 즉 강도의 한계에 의해 건축의 기술이 결정되었다. 건축은 재료가 갖는 한계에 의해 구조가 건물의 형태를 결정하였다. 즉 '건축=구조=형태=미' 였던 것이다. 오늘날의 기준으로 보면 기술의 발달은 너무도 느리고 변화가 적어서 수많은 시행착오에 의

보베성당의 내외부 전경 수 차례 붕괴 후 네이브없이 미완성의 상태로 존치.

해 한 단계, 한 단계 더디게 발전해가던 시기이다. 비잔틴양식의 규범이라고 불리는 하기아 소피아 (Hagia Sophia)도 안테미우스(Anthemius)가 설계하고 완공한 이래 지진에 의해 돔이 두 차례나 붕괴하였다. 처음엔 그의 조카 이지도루스(Isidorus)가 돔을 개조하였지만 이후 14세기의 붕괴와 19세기의 균열보강을 위해서는 보다 기술적으로 진보한 방법으로 보강하게 된다. 이외에도 파리근교의 보베성당(Saint Pierre at Beauvais)이나 무수한 건물들이 붕괴와 재건, 보강 등의 반복적인 시행착오를 거치며 그 역학과 거동에 관해 이해하게 되고 그를 통해 기술은 축적되어왔다. 이 시기는 모든 참여자가 오로지 건물의 성공적인 축조를 목표로 하던 시대이기도 하였다.

이 시대의 건축은 다른 모든 분야와 마찬가지로 그 직능이 오늘날과 같이 분리되지 않았다. 이는 오늘날 우리가 건축가의 의미로 사용하는 architect의 어원을 통해서도 이해할 수 있다. architect의 고대그리스 어원은 architekton으로서 접두어 archi와 tekton이라는 두 단어로 구성된다. 여기서 archi는 '으뜸', '최고' 등의 의미를 가지는데 어떤 일의 방향을 설정하고 지시하는 사람을 일반적으로 지칭하는 단어이다. 또한 tekton이라는 단어는 '목수'로 직역되지만 고대그리스의 직업 구분이 현대와는 달라서 오늘날과 같이 나무를 재료로 작업을 하는 직업을 나타내는 것은 아니고 무엇인가를 만드는 기술자를 일반적으로 의미하는 단어였다. 따라서 이 두 단어로 조합된 architekton은 텍톤(기술자)들의 작업 방향을 계획하고 지시하는 감독관을 의미하는 '직책'의 호칭으로서 오늘날 직업이나 직종을 나타내는 architect(건축가)와는 그 의미가 다르다고 보아야 한다. 오히려 건설책임자내지는 관리자로 표현되는 것이 옳을 것이다. 역사학의 아버지라 불리는 고대그리스의 역사가 헤로도투스(Herodotus, B.C. 484-B.C.425)가 지은 〈역사(Histories)〉라는 책에서 architekton으로 소개되는 유팔리누스(Eupalinus)나 만드로클레스(Mandrocles)는 건물이 아닌 터널이나 방파제, 그리고 부교와 같은 다리를 축조한 인물들로 오늘날의 직종 구분으로 치면 건축가가 아닌 토목기술자였다.

라틴어휘에서 architect는 architectus이며 역시 그 의미는 그리스어의 architekton과 같이 여전히 집을 짓는 사람이 아닌 큰 작업의 계획자, 감독자의 의미를 가지고 있었다. 이와 유사하게 오늘날 건축으로 표현되는 architecture의 어원인 architectura도 건물만을 의미하지는 않았다. 비트루비우스(Vitruvius Pollio, B.C.80-B.C.15)의 〈건축십서 (De Architectura Libri Decem)〉에서 설명하는 architectura도 건물 뿐이 아니고 시계나 기계를 만드는 일을 포함하고 있다. 이처럼 architectura가 포함하는 내용이 방대하므로 architectus가 되기 위해서 공부해야하는 내용은 글과 그림 외에도 수학, 물리학, 기하학, 천문학, 법학, 철학, 역사 등 온갖 종류의 지식이 포함되는 것은 당연한 것이었다.

고대 그리스의 역사가 헤로도투스_(B.C. 484–B.C.425)

직종이 아닌 직책을 의미하는 architect의 단어는 중세는 물론 르네상스 후반에 이르기까지 이어졌다. 르네상스 시대의 많은 화가나 조각가 들이

유팔리누스의 터널_ 길이 1,036m의 터널로 고대 8대 불가사의로 꼽힌다.

architectus로 불리며 건축에 참여하고 또 수학이나 기하학, 물리학 등에 조예가 깊은 것은 이러한 연유라고 볼 수 있다.

우리가 잘 아는 만능천재 레오나르도 다빈치(Leonardo da Vinci, 1452-1519)나 미켈란젤로(Michelangelo Buonarroti, 1475-1564)는 말할 것도 없고 피렌체 성당(Santa Maria del Fiore)을 설계한 브르넬레스키(Filippo Brunelleschi, 1377-1446)도 조각가, 수학자, 기술자인 동시에 인문학자이었다.

중세이후까지 여전히 넓은 의미를 지닌 architectura는 점차 집 짓는 작업을 지칭하는 단어로 그 분야가 좁혀지고 더불어 architectus는 직책이 아닌 직업의 의미로 변화하며 우리에게는 건축가(architect)로 번역되게 된다. 근대이후 건축의 규모가 방대해지고 그 기술이 발전하면서 내부의 분업과 전문화가 필요해진 것이다. 현대의 건축가(architect)가 이전의 architectus와 갖는 유사성은 비록 '집짓는데 있어서' 로 그 분야는 한정되지만 계획을 작성하고 관리하는 역할일 것이다.

3. 19세기의 건축

근대 재료의 출현

19세기는 산업혁명 이후, 건축에 있어서는 강철과 콘크리트와 같은 보다 강(强, strong)하고 강(剛, stiff)한 재료가 사용되기 시작한 시기이다. 이때 등장한 재료는 과거의 전통적인 재료와는 비교할 수 없을 정도로 강하며 이와같이 강해진 근대 재료를 이용하면서 건축분야에서는 전통 미학의 관점에서 벗어난 건물들이 등장한다. 또한 그로 인하여 그 동안 동거해오던 건축과 기술이 본격적으로 분리되며 각자의 길을 걷기 시작한다. 이 시기에 등장한 대표적인 재료는 콘크리트(concrete)와 강철(iron, steel)이다.

콘크리트는 골재와 시멘트, 그리고 물을 혼합하여 만든 구조재이다. 오늘날에는 가장 많이 사용되는 재료이지만 실제로 이 재료를 이용하여 철근콘크리트 구조가 개발된 것은 150년이 채 되지 않는다. 물론 고대 로마시대에도 현재의 콘크리트와 유사한 재료는 사용되었다. (이를 구별하여 로만콘크리트라고 한다.) 기원전 3세기경부터 고대 로마인들은 주변의 화산재가 퇴적해서 생긴 응회암 가루에 석회와 모래를 섞어 쓰면 모르타르라고 하는 강한 재료가 된다는 것을 알았다. 이를 이용해서 로마인은 경간이 44미터에 이르는 광대한 판테온(Pantheon, 123)의 돔구조를 축조할 수 있었다. 한편 오늘날 사용되는 근대시멘트인 포틀랜드 시멘트는 1824년 영국의 조적공 아스프딘(Aspdin)이 석회석 분말과 점토를 섞어서 가마에서 구워내는 방식으로 제조한 것이다. 굳은 후 시멘트의 색깔이 영국의 포틀랜드(Portland) 지방에서 나는 석회석의 색상과 비슷하다고 해서 붙여진 이름이다. 콘크리트는 비록 인장강도에 약하지만 철근과 함께 사용되면 아주 훌륭한 건축재료로 활용될 수 있는데 이 철근콘크리트 재료는 1850년대 이후 많은 연구를 통해 발전했으며 20세기 들어서 실제로 많은 건축물에 적용되었다. 단순히 기술적인 성취로서만 받아들여질 수도 있었던 철근콘크리트는 근대건축이론을 통해 건축미학적으로도 타당성을 부여받으며 국제주의 양식을 거쳐 급속도로 전세계 도처로 보급되어 이제는 세계적으로 가장 보편적인 건축재료가 되었다.

아이언 브릿지 콜부룩데일교라고도 하며 최초의 철구조물이다.

강재는 콘크리트에 비해 훨씬 강(强)한 재료로서 철근콘크리트와 함께 대표적인 현대 건축재료이지만 합리적인 건축재료로 받아들여지기까지 콘크리트보다는 좀 더 오래고 긴 갈등과정을 거친다. 강재는 98%의 철과 기타 극소량의 금속과 화학성분으로 구성된 합금이다. 강재의 대부분을 구성하는 철(iron)은 철기시대 이래로 사용되어 왔고 17세기 후반의 신고전주의 건축에서 석재를 보강하는 구조재의 일부로도 사용되기도 했지만 본격적인 주재료로서 사용되기 시작한 것은 18세기에 들어서면서부터이다. 영국의 윌리엄 다비(William Darby)는 기존의 목탄이나 석탄대신 코크스를 이용한 제강법을 개발했고 이후 제강법의 많은 개선을 통해 강재는 대량생산이 가능하게 되었다. 강재를 이용한 최초의 구조물은 건물이 아니고 다리였다. 1779년 영국의 콜브룩데일 세번강에는 아이언브릿지(Iron Bridge)가 축조되었다. 다리를 완공한지 3년 후 대홍수가 발생했는데 그 때 이 다리가 유일하게 건재하면서 이후 많은 구조물에서 강재가 사용되기 시작되었다. 이때의 강재는 탄소성분이 높은 주철(cast iron)이라는 재료인데 압축에는 강하지만 인장에는 취약해서 인장이나 휨에 부스러지기 쉬운 불완전한 재료이었다. 물론 초기에는 이와 같은 재료의 특성을 잘 파악하지 못하고 사용함으로써 많은 붕괴사고가 발생하기도 하는 등 여전히 기술상의 시행착오가 있었으나 더불어 구조이론도 비약적인 발전을 이루게 된다. 이후 주철은 이후 좀 더 인장에 강하고 품질이 뛰어난 연철(wrought iron)로 발전하

수정궁(Crystal Palace) 영국박람회용으로 축조되었으며 1936년 화재로 소실.

게 된다. 1851년 건설된 수정궁(Crystal Palace)은 주철과 연철을 혼용하였고, 1889년 건설된 에펠탑은 연철을 사용한 구조물이다. 이후 19세기말과 20세기 들어서는 강재에 포함된 인성분을 제거하여 보다 우수한 품질과 강도를 갖는 강(steel)으로 발전되면서 20세기의 고층건물(모더니즘 건축)에 본격적으로 사용하게 된다.

에펠탑 파리박람회용으로 7300톤의 연철을 이용하여 엔지니어 에펠이 축조.

건축가와 엔지니어

재료의 비약적인 발전과 더불어 건축과 기술은 본격적으로 분리하기 시작한다. 건축이 건축가에 의해서 주도되는 반면 기술은 엔지니어에 의해 주도된다. 엔지니어의 어원은 라틴어 ingenieum(재능, 천재)에서 유래하였는데 12-3세기에는 전쟁기계나 성벽시설 건조자에게 붙여진 이름이었다. 건축가에 대비되는 기술자로서의 엔지니어 호칭은 프랑스의 코우가 처음 사용하였다고 한다. 여하간 엔지니어는 새롭게 등장한 강한 재료를 이용하여 골격을 만들고 건축가는 여기에 표피를 입혀서 여전히 문화의 영역에 남겨두기를 원했다. 이 시기의 건축가는 새롭게 등장한 신재료, 그중에서도 철의 사용에 대해 극히 부정적이었다. 이들에게는 철조건물

멘고니(Giuseppe Mengoni)의 갈레리아 빅토리오 엠마뉴에 (1865)

은 전통건축의 관점에서 볼 때 어색하기 만한 비례를 갖는, 건축(architecture)이 아닌 건물(building)일 뿐이었다. 과연 철이 건축재료로서 적합한 것인가하는 의문을 제기하면서 당시에 건축된 수정궁이나 에펠탑에 대해서도 비난을 멈추지 않는다. 특히 프랑스의 경우 철에 의한 건축을 주도한 그룹은 엔지니어로서 에꼴폴리테크닉(기술학교)출신이었다. 이들이 에꼴드보자르(디자인학교)출신의 건축가 그룹과는 다른 파벌이었던 것도 건축가의 철조 건축 및 기술에 대한 반감을 증대시켰던 것으로 보인다. 브알로(Louis Auguste Boileau)의 셍유렌느교회(1855)나 라부르스트(Henri Labrouste)에 의한 셍쥬네브에브도서관(1850)및 파리국립도서관(1875), 멘고니(Giuseppe Mengoni)의 갈레리아 빅토리오 엠마뉴에(1865)와 같은 일부 건축물이 건축가들에 의해서도 실험적으로 설계되기도 하였지만 대부분의 철조건축이 엔지니어에 의해서 주도되었다. 건축가 그룹에게는 예술적, 인문학적 전통도 없는 엔지니어들에 의해 예술로서의 건축이 아닌 단순한 기술을 표현한 건물이 도시를 망치듯이 점령해나가는 현상이 받아들여지기 어려웠을 것이다. 반면 엔지니어들 입장에서 볼 때는 시대가 요구하는 대규모 건축물을 발전된 근대기술과 재료를 이용하여 축조하며 새로운 건축문화를 형성해나가는 시대기술의 발현이었을 것이다. 이와 같은 형태와 기술 사이의 갈등이 19세기 건축의 특징이라고 할 수 있을 것이다.

4. 근대이후의 건축

구조의 미학

구조물의 노출이 건축가들에게는 불편한 것이었지만 파리의 에펠탑은 순수 구조가 그 자체로도 복잡한 상징적 메시지를 훌륭히 전달할 수 있음을 확실히 보여주었다. 구조물의 노출을 매우 조심스러워 하는 경향은 미국에서도 나타난다. 엔지니어인 네르비가 "이 다리가 완공되기까지 인간은 이처럼 아름다운 곡선을 본 적이 없었다고 생각한다"고 극찬했던 뉴욕의 현수교인 조지와싱턴교(George Washington Bridge, 1962)의 경우에도 초기에는 그 교탑과 다리의 상판 부분을 돌로 피복하여 철구조가 은폐되도록 요구받았지만 결국 현재와 같이 노출된 채 그 특유의 구조미를 자랑하고 있다.

조지와싱턴교 건축가 Gass Gilbert는 교각과 상판옆면을 돌로 피복하자고 주장하기도 하였다.

전통재료에서 벗어나 새롭게 등장한 이 강한 근대 구조재료의 등장과 구조의 노출문제로 인해 구조미에 대한 관심은 점차 고조되었다. 스위스 건축가 기디온(Giedion, 1893-1968)은 1941년 그의 저서 〈Space, Time, Architecture〉에서 건축에 있어서 구조미의 중요성을 언급하며 구조미를 건축미에 포함하도록 관심을 유발한다. 벨기에 건축가 반데벨데(Van de Velde, 1863-1957)는 "기술의 미는 미를 추구하지 않는 것에서 생긴다"고 하였는데 이는 다시 말해 기술미란 미를 의식하지 않고 거기에 목적을 두지 않은 채 기술과 융합한 형태를 통해 자연스럽게 생겨나는 고유한 표현력이라고 할 수 있다. 이는 "자연의 의도는 원래 예술작품을 창조하는 것이 아니라 무엇보다 유용하고 기능적인 것을 만드는 것이다"라고 한 가우디(Antonio Gaudi, 1852-1926)의 표현과도 내용에서 일맥상통한다고 할 수 있다. 구조미는 분명 자연미나 예술미와는 또 다른 기술과 조형의 결합에 의해 생성되는 아름다움이며 건축미에서 중요한 고려요소임에 분명하다.

기술 그리고 감성

이전 세기에 조형과 반목하던 기술이 20세기 들어 조형요소로서 적극 수용하기 시작되면서 그 전면에 건축가뿐만 아니라 엔지니어가 다수 포함된 것은 지극히 당연스러워 보인다.

스위스 출신의 엔지니어 마야르(Robert Mailari, 1872-1940)는 콘크리트의 기술적, 미학적 가능성의 최고 경지를 보여준 것으로 평가받는다. 특히 그는 디자인 경쟁을 통해 채택된 많은 교량구조에서 콘크리트를 이용하여 역학적 특성을 고려한 조형미를 훌륭하게 표현하였다. 살기나트벨교(1930)와 같은 작품이 대표적이며 그의 또 다른 작품 시멘트홀(1939)을 통해서는 16미터 경간의 높이

살기나트벨교 인구 50명의 마을 사람을 위해 만든 폭 3.5m, 스팬 90m의 RC교

12미터 포물선 보울트(vault)를 단지 6cm의 두께로 설계하기도 하였다. 콘크리트의 재료특성을 잘 이용한 또 다른 엔지니어는 또로하(Eduardo Torroja, 1899-1961)와 칸델라(Felix Candela, 1910-1997)로서 모두 스페인 태생의 엔지니어이다. 이들은 쉘구조의 역학적 특성을 이해하고 쉘의 기하학적 조형미를 구현하였다. 또로하의 데뷔작품 알헤시라스 시장(1933)의 철근콘크리트돔은 48미터 경간을 겨우 9cm의 두께로 구축함으로써 전통재료 및 구법으로는 도저히 실현할 수 없었던 기술적 성공을 보여줌과 동시에 쉘의 역학특성을 잘 고려한 세련된 조형디자인으로서도 높은 평가를 받았다. 주로 멕시코에서 활동한 칸델라는 로스마난티어스 식당(1957) 설계를 통해서 역시 쉘구조의 기하학적 조형미를 통한 구조미를 잘 표현해내었다. 이탈리아의 엔지니어 네르비(Pier Luigi Nervi, 1891-1979)는 피렌체 스타디움(1932), 토리노 전시홀(1949), 로마올림픽 소체육관(1957)등 다수의 건축물에서 철근콘크리트의 장점을 십분 활용해 부드러운 구조미를 표현하기도 하였다. 그는 특히 설계에서 프리캐스트 형식의 리브(rib)를 활용하였는데 이를 통해 구조적인 합리성뿐만 아니라 고도의 장식성도 훌륭

또로하와 그의 작품 알헤시라스 시장 두께 9cm, 직경 48m의 정팔각형 쉘 돔으로 또로하의 34세 때 작품이다.

하게 구현하였다. 20세기 초,중반에 조형에 대한 엔지니어의 기여가 특별히 큰 것은 철근콘크리트라는 새로운 재료의 등장과 이를 이용한 쉘구조 등, 새로운 구조시스템에 대한 구조이론의 개발, 그리고 구조미에 대한 관심에서 비롯되었다고 할 수 있겠다. 기술은 자연의 법칙이나 효율성에 지배되지만 엔지니어가 그 이외의 영역에 대해서도 능력이나 상상력을 발휘함으로써 구조 그 자체를 심미적으로 예술의 경지까지 끌어올릴 수 있음을 보여주는 한편 조형에 대한 조예를 갖추고 새로운 재료와 구조의 특성을 이해하는 능력을 통해 구조미를 표현하는데 있어서 엔지니어의 장점을 잘 보여주는 사례이다. 비록 이들 엔지니어에 의해 구현된 건축물들이 건축이나 구조의 합리성을 자유롭게 추구할 수 있는 일부 특수한 경우에 한정되고, 대다수 일반적인 건축에서는 구조미 또는 조형미에 대한 엔지니어의 기능이 여전히 제한된 것이 사실이지만 유럽 및 일부 남미 지역에서는 근대건축이 추구하던 합리성과 구조가 형태로 직결되는 결

칸델라와 그의 작품 로스마난티어스 식당 상부 4cm, 하부 12cm의 안장형 쉘구조.

정주의가 엔지니어에 의해 성취되었다고 할 수 있다. 이와 같은 전통은 현대에 이르러서도 스위스의 이슬러(Heinz Isler, 1926-)나 스페인의 렌조피아노(Renzo Piano, 1937-), 그리고 이탈리아의 칼라트라바(Santiago Calatrava, 1951-)와 같은 엔지니어들에게로 이어지고 있다.

그러나 엔지니어에 의해 건축미가 주도되거나 결정되는 현상이 모든 지역에서, 그리고 모든 엔지니어에게 자연스럽게 받아들여진 것은 아니다. 미국의 건축교육시스템에 기인할 지도 모르겠으나 미국의 엔지니어 살바도리(Mario Salvadori, 1907-1997)는 "엔지니어는 훈련을 쌓고 무장한 실용주의자로서의 전문가일 뿐이다"라고 정의하며 건축가의 디자인 이미지를 주도하려는 구조엔지니어의 존재를 부정하였다. 그는 칸델라조차 건축가로 분류하고 엔지니어로는 인정하지 않기도 하였다. 다만 살바도리는 건축가가 구조를 이해하거나 엔지니어가 건축의 미를 이해할 경우 사람들에게 유익하다는 점은 인정했다. 이처

네르비와 그의 작품 로마올림픽 소체육관 내부 1960개의 프리패브 리브와 4cm두께의 콘크리트로 설계된 60m 스팬의 쉘구조.

럼 미국에서는 엔지니어보다는 건축가에 의해 구조적 조형미가 추구되는 경향이 강했다. 미국의 경우 기술의 미적요소를 잘 이해한 건축가로는 사리넨(Eero Saarinen, 1910-1961)을 들 수 있다. 그는 1964년 완공한 제퍼슨 메모리얼 아치(Gateway Arch)에서 190미터 높이의 가장 단순한 형태의 콘크리트 아치를 통해 구조미의 전형을 보여주었다. 그는 이외에도 덜레스공항(1962), TWA 공항터미널(1962), MIT 그레시지 강당(1955), 예일대학 아이스링크(1959) 등을 통해 건축에 있어서의 구조의 의미를 강렬하게 표현하였다. 건축가에 의해 주도되는 미국의 방식은 현대에 이르러는 설계그룹에 의해 주도된다. 대규모의 설계그룹은 건축가와 엔지니어의 협업으로 고도의 기술력과 생산성을 갖춤으로써 더욱 강력한 방식으로 자리잡아가고 있다. 예로써 S.O.M사에 의해 설계된 존핸콕센터(John Hancock Center) 및 시어즈타워(Sears Tower, Willis Tower로 개명)와 같

사리넨과 그의 작품 제퍼슨 메모리얼 아치 190m 높이의 콘크리트 아치.

은 초고층 건물의 설계는 방글라데시 출신의 엔지니어 파즐러 칸(Fazlur Kahn, 1929-1982)과 같은 유능한 엔지니어의 도움에 힘입은 바 큰데 그는 이들 건물에 적용한 튜브구조의 개발을 통해 형태와 구조가 일치되도록 지원하였다. 초고층 건물을 포함하여 현대건축에서 기술의 중요성이 점차 커지면서 상대적으로 앞선 첨단기술을 건축에 적극 반영시킴으로써 기술의 상징성을 강조하는 시도가 나타나기도 하였다. 리처드로저스(Richard Rogers, 1933-)나 노먼포스터(Noman Poster, 1935-)는 건축에 있어서도 기술의 중요성을 강조하며 많은 작품에서 건축적 표현에 현대기술을 적용하려고 시도하였다.

S.O.M사에 의해 설계된 존핸콕센터 및 시어즈타워 엔지니어 파즐러 칸에 의해 고안된 튜브구조 방식을 적용하였다.

5. 맺 음 말

건축은 기술과 감성이 엮여 만든 직물에 비유된다. 시대에 따라 이들 관계는 역동적으로 엮이며 한 시대의 건축문화를 창출해간다. 때로는 기술이 감성을 지원하기도하고 때로는 기술이 건축을 결정하거나 주도하기도 하면서 건축양식의 변화를 만들어낸다. 돌과 나무 또는 벽돌과 같은 전통적인 재료를 사용하여 건물을 축조하던 시대에는 기술과 감성의 관계는 서로가 서로를 필요로 하며 직물의 씨줄과 날줄의 일체감이 잘 유지되어 왔다. 이 시대 감성과 기술의 조합은 architect에 의해 이루어졌는데 오늘날과 같은 직종의 구분이 없던 시대 architect의 역할은 그 용어의 어원에서 미루어 알 수 있듯이 이미지로서의 감성보다 오히려 테크놀로지로서의 기술이 좀 더 강조되고 있었음을 알 수 있다. 이 시대 초미의 관심사는 모든 가용한 기술과 감성을 조합하여 목적하는 건축물이 기능을 최대한 만족하도록 건설되도록 하는 것이었다. 기술과 감성이 비록 가난하지만 행복하게 동거하던 시절이라고 할 수 있겠다. 근대에 이르러 구조재료로서 강재와 콘크리트의 등장은 이 둘의 관계에 큰 변화를 야기한다. 이제 더 이상 재료는 약하지 않으며 구조기술도 발달함에 따라 이제 더 이상 architect는 감성과 기술을 감당할 수 있는 위치에 있지 못하고 기술은 엔지니어라는 새로운 전문가가 감당한다. 감성을 기초로 하는 건축과 이성을 기초로 하는 기술은 각각 문화와 문명의 개념으로 인식되며 서로 각자의 길을 걸어온 듯 보인다. 일부 지역에서 때로는 엔지니어에 의해, 때로는 건축가에 의해 서로가 엮이면서 기술과 감성이 적절하게 조합하기도 하였지만 전체적인 흐름에서는 각 요소의 발달이 오히려 서로에 대한 배려를 생략하고 서로간의 의존성에서 벗어나려는 모습을 보여준 것이다. 기술은 기술대로, 또한 건축은 건축대로 모든 면에서 예전보다 발전하였지만 기술과 감성이 조합하는 데는 불편한 동거가 진행되고 있다고 해야할까. 하지만 기술이나 감성 모두 큰 틀 안에서 문화의 한 일부이며 기술과 정신의 조화로운 결합을 통해 현대 건축문화의 한 장을 수놓는 것은 건축가와 엔지니어가 고민해야하는 공동의 과제로서 남겨져있다.

유비쿼터스 디스토피아

UBQUITOUS DYSTOPIA

김 / 용 / 성 국민대학교 건축학부 교수

기계문명적 도시화는 모더니즘 건축에 의하여 산업화, 공업화의 틀 안에서 하나의 아이디어에 의하여 거듭되어지고 때로는 막대한 경제적 지원을 얻어가며 자행되어졌다. 그 결과로 무의미한 도시환경과 기계 만능주의, 그 안에서 소외되어져가는 인간성에 의한 인간의 부속화는 결국 디스토피아를 낳았다. 인류가 만들어내는 문명적 혜택이 오히려 유토피아에 반하는 결과를 가져오고 이를 해결하기위한 대안적인 제시 또한 기계적 진보에 의한 해결방법의 제시에 불구하여 새로운 디스토피아를 양산해내고 있다.

1. 문화교차

도시는 지속적인 발전과 진화를 지속하며, 지금도 그 과정을 진행하고 있다. 건축은 도시의 지속적인 개발과 상황에 따른 변화의 방향을 인지하고 수긍하면서 긍정적인 변화의 방향으로 나아가야 한다. 계획 도시를 제외하고 도시는 완전히 새로운 도시로 창조되지 않는다. 기존 도시의 맥락을 유지하면서 변화에 따른 새로운 기능과 목적을 수행하는 현실 기반의 진화를 목표로 해야 한다. 구체적으로 도시가 잃어버린 기능의 복원, 변화된 사회에 따른 새로운 기능을 위한 공간적 해결, 기존의 체계를 유지하면서 새로운 질서를 만들 수 있는 체계적 개념의 확립을 위하여 문화교차와 치환(Metathesis)의 특성이 적용되어야 한다. 문화교차는 두 가지 이상의 이질적인 문화교류 현상이 자의에 의해서든 타의에 의해서든 일어나는 충돌현상이다. 문화교류의 현상은 이질문화가 고유문화를 대체하는 방식, 이질문화와 고유문화가 융합하는 방식, 하나의 문화가 다른 문화를 포용하는 방식으로 나타난다. 조중빈, 선택의 여지없음에 대하여, 사회과학연구 제22집 2009 p165 현대 도시에서 Metathesis는 문화교차의 충돌로 발생하는 대체, 융합, 포용을 혼합한다. 문화교차의 충돌로 발생하는 공간적 Metathesis를 연결하는 동시성 교차로 유비쿼터스가 작동한다. 유비쿼터스는 동시성 교차의 매체가 된다.

팽창하며 교류하는 문화와 도시에 Ubiquitous는 Macro한 도시와 Micro한 인간을 엮어 주는 매체이다. 영역의 융복합이 찰나로 진행되는 Hybrid Paradigm Transition 사이에 문화와 도시는 MegaRobot과 NanoRobot의 사이를 표류한다. 문화와 도시의 교류와 교차에 Ubiquitous는 Metathesis를 가속화한다.

2. 주거공간 문화교차

현대 한국인들이 열광하였던 주거 건축 아파트. 아파트라는 단어는 외래어도 아니고 언어교류의 결과인 일본조어이다. 아파트라는 주거 형식은 서구문명과 문화가 일본에서 교류 교차하고, 일본문명과 문화가 한국에서 교류 교차하여 발생된 주거 형식이다. 현대 한국건축의 주거건물과 주거공간에서 나타나는 문화교차의 양상은 현대 한국사회의 라이프 스타일을 나타내고 교류와 충돌에 의해 융합과 치환을 거듭하며 나타나며 매우 다양하다. Bravo Senior Life, Malling, Mobility, Alpha Green, Hobby-holic, Multi-Culture, Ethical Lobbyist, Less Business, As-it Aesthetics, Moral Spec, Borerless Work, Convenience Institute, Virtual Coaching, Single Care, Transformer Generation, Body Monitoring, mini G, District S, Mood Alley, Solidouble, Cloud & Over, Second Global, Insider Blanca, Sensor Ecosystem, Augmented Reality, Customodulation, The 8th Sense, Agritainment, Live Experience, Off Taste

이들 융합과 치환의 파편을 모아 키워드를 분석하면 Well-being, Green,

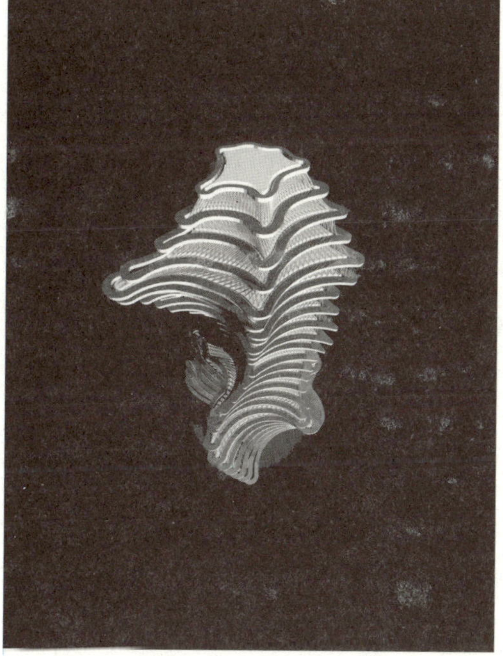

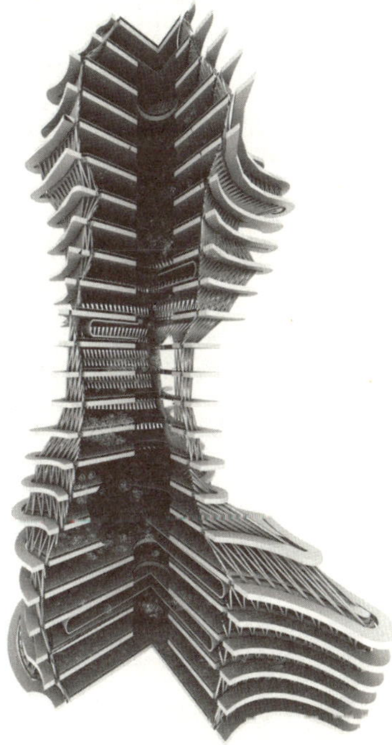

Art Design, Collaboration, Convergence, Retro, City Vacation, Tradition Brand, Luxury, Agit Culture, Fandom, Small-oriented, Digital Nomad, Gold Miss, Classic, Multi-habitat. 라는 기반 키워드가 도출되며 그 기저에 첨단기술 Information Technology가 존재한다.

첨단기술 IT는 사회적 문화 교류 현상과 주거건축 형식을 형성하는 중요 요인이다. 사회 문화 현상과 주거 문화 현상에 영향을 미치는 IT 기술은 매우 방대하고 급격하게 변모하고 급속하게 발전하고 발전의 속도를 전문가도 예측

하기 어려울 정도로 타 기술 분야와 다르게 빠르게 매우 급진적으로 융합 발전한다. IT기술은 건축의 다양한 아이템과 융복합 되어 유비쿼터스 도시 기술(U-City Technology), 유무선 네트워크, RFID(Radio-Frequency IDentification), USN(Ubiquitous Sensor Network), ITS(Intelligent Transportation System), GPS, IBS(Intelligent Building System), PMS(Project Management System), HomeEMS(Home Energy Management System) 등과 연계되어 건축 형성 기반을 제공하고 있다. 스마트폰 스마트 탭의 스마트 Device가 사람들을 매료시키고 있고 스마트 디바이스가 융복합의 다양한 고기능을 제공하지만, 지능(Intelligence)은 존재하지 않는다. 단순 통화 기능의 휴대폰이 PDA(Personal Digital Assistant)로 진화하고 다시 스마트폰으로 진화하듯이 주거 공간도 디지털 홈에서 유비쿼터스 홈으로 진화하고 다시 스마트 그린 홈으로 진화하고 있다.

3. 유 비 쿼 터 스

유비쿼터스 컴퓨팅은 마크 와이저(M. Weiser)에 의해 1984년 Palo Alto에서 최초로 제안되었다. 물론 그 이전에도 유비쿼터스 컴퓨팅의 개념과 유사한 Parrellel Computing, Distributed Computing이 존재하였다. 그럼에도 Ubiquitous Computing 이라는 단어를 창조하며, Anytime, Anywhere, Any-Network, Any-Service, Any-Device, Anyone 언제 어디서나 도처에서 조용하게 숨어서 분산되어 인간을 지원한다는 유비쿼터스의 개념은 동시성 교차의 새로운 제안이었다.

디지털건축 Digital Architecture도 같은 맥락이다. 디지털은 기술 Technology일 뿐이다. 2차원 CAAD가 3차원 CAAD로 진화하며 이전에 존재하지 않았던 건축 형태를 도출하는데 기여한 것은 사실이다. 비유클리드, 비물질, 비중력을 모토로 하며 3차원 유선형을 강조하는 디지털 건축은 그 형태에 의해 하나의 트랜드, 하나의 스타일로 자리매김을 하였으나, 그 이름 Naming은 적절하지 않다. Frank Gehry가 설계한 Guggenhaim Museum Bilbao, LA Disney Concert Hall은 CATIA 라는 고성능 CAD를 사용하여 디자인 되었다. 건축적 가치는 논외로 하고, 이전의 CAD로는 불가능한 건축 디자인이고, 불가능한 건물 시공이었다. Frank Gehry 는 그것을 디지털건축 Digital Architecture이라고 하지 않는다.

유비쿼터스 건축은 정확하게는 Architecture using Ubiquitous Technology 이다. 더 정확하게는 Building with Ubiquitous Technology 이다. 디지털 건축이 설계 Design의 관점으로 정의한다면 정확하게는 Architectural Design by CAAD Tool 또는 Digital Tool 이다. 모든 건축디자인에 CAAD의 사용은 보편적이므로, 디지털 건축이라는 단어는 모순이다. 형태와 스타일의 관점에서 정의한다면 대중에 의해 작명된 고유명사이다. 디지털 건축을 건물과 기술의 관점에서 정의한다면 Building with Digital Technology 이나, 요즘 Digital Technology 는 더 이상 첨단의 의미도 아니며 일상화된 보편적인 기술이므로 이 또한 모순이다.

주거 건축은 유비쿼터스 홈과 유사한 정의들로 인텔리전트 홈, 디지털 홈,

스마트 홈, 지능형 홈이 있다. Home, House, Housing, Residence의 정의가 혼재되어 혼용되고 있다. 인텔리전트 홈(Intelligent Home)은 인텔리전트 빌딩(Intelligent Building)에서 유래한다. Intelligent Building은 일본에서 1980년대에 시작된 일반적인 업무용 건물(office building)을 대상으로 고성능 시스템 구축을 목표로 하였다. Digital Home은 한국 정보통신부에서 주로 제시한 정의로 Home Network, 디지털 기기, 및 디지털 시스템이 장착된 주택을 의미한다. 스마트 홈은 미국 및 한국 지식경제부에서 주로 사용되는 정의로 Home Network, Home Automation, 정보가전기기 및 주거공간을 포함한다. 디지털 홈과 스마트 홈을 비교하면 전자는 시스템의 측면에 중점을 두고, 후자는 시스템에 더하여 Intelligence에 더 비중을 둔다. 스마트 홈은 정부사업 영문사용 자제 지침에 따라 한글화되어 지능형 홈으로 번역되어 사용된다. 유비쿼터스 홈은 유비쿼터스 테크놀러지 및 유비쿼터스 시스템이 설치되고 사용되는 주택이다.

Intelligent Technology & System, Digital Technology & System, Smart Technology & System, Ubiquitous Technology & System 들은 서로 무엇이 다를까. 일본에서 제시되었던 Intelligent Building System은 Network System 보다는 Automation System에 조금 더 중점을 두었다. Digital System은 Home Network과 디지털 시스템 및 디지털 정보가전에 중점을 두고 있다. Smart System은 지능의 측면을 강조한다. Digital System에 지능Intelligence을 더 하였다고 보면 정확하다. Ubiquitous System은 Ubiquitous Computing으로부터 출발한다. 이들 4가지 기술과 시스템은 유사한 영역을 공유하면서 또한 독자적인 영역을 구축하고 있다.

Section
FIRST FLOOR
green
pilloww
for green minds

21세기 들어 삶의 생활양식(Life Style) 변화와 함께 주거공간도 변화하고 있다. 1990년대 초반부터 Home Automation 전문가들은 집안의 모든 종류의 가사 일을 자동으로 행하며 원격조종이 가능한 지능형 홈(Smart Home)의 출현을 예고해 왔다. 우리가 생각했던 것보다 훨씬 빠른 속도로 가정의 사물들은 지능화되고 있으며, 지능형 공간(Smart Space)으로 발전되어가고 있다. 지능형 기술들은 단순 가사노동으로부터 우리를 해방시킬 것이며, 기술의 융복합(Convergence)화로 전혀 새로운 사회 시스템과 서비스 산업이 창출될 수도 있을 것이다. 마크 와이저(Mark Weiser)박사가 예견한 것처럼 시간이 흐를수록 지능형 기술은 마치 안경이나 연필처럼 우리 일상 속에서 자연스러운 부분이 될 것이다. 지능형 홈(Smart Home)은 지능(Intelligence)을 지닌 주거 공간이다. 홈오토메이션(Home Automation)은 아날로그기술(Analog Technology)적 자동화였고, 홈네트워크는 디지털 IT기술(Digital IT Technology)의 적용이었고, 유비쿼터스 홈(Ubiquitous Home)은 언제 어디서나 IT기술이 도처에 존재하는 하드웨어적 진화이며, 지능형 홈(Smart Home)은 인공지능(Artificial Intelligence)을 지닌 소프트웨어적 진화이다. 유비쿼터스 홈은 조금 더 진화되어진 스마트 홈의 인프라 기반이다. 거주자의 행태와 상황인식(Context Awareness), 누가, 어디서, 무엇을, 어떻게, 왜 하고 있는지를 아는 공간, 생각을 할 수 있는 공간, 내가 필요로 하는 것이 무엇이고, 원하는 것이 무엇인지까지 예측할 수 있는 공간이 지능형 홈이고 스마트 스페이스(Smart Space)이다. 현재의 주거 건축은 그 목표를 향해 진화해 가고 있다.

21세기 들어서 주거공간에 대한 사용자의 요구는 다양해지고 있다. Lohas & Well-being, Ubiquitous & Intelligence 적인 요구들은 새로운 사실이 아니

다. 단순히 살기위한 공간이 아니라 사용자의 다양한 요구를 수용하는 즐길 수 있는 지능형 공간으로 변화되어야 한다. 미래 주택은 지능화된 사물들이 공간에 편재되어있는 유비쿼터스 지능형 공간(Ubiquitous Smart Space)으로 변화하게 될 것이다. 지능화된 사물들은 네트워크화 되어 사용자가 어디에 있던지 지능화된 통합된 공간을 제공한다. 과거에 인간의 삶의 방식이 주거공간의 공간 구성과 계획에 영향을 미쳤다면, 미래에는 지능화된 공간이 인간의 삶의 방식에 영향을 미치고 다양한 사용자의 라이프스타일을 만족시키는 공간으로 제시되어질 것이다.

과거의 주거 건축이 선형적인 방법에 의하여 공간을 만들어 냈다면, 유비쿼터스 환경의 건축공간은 보다 비선형적인 공간 구성이 가능해진다. 비선형적인 공간은 동일한 모습으로만 계획되어진 공동주택의 형태나 평면계획을 바꾸어 주게 되고, 사용자의 생애주기와 라이프스타일을 반영하여 가족구성원의 변화에 따른 가변화되고 형태변환이 가능한 공간들을 제공해주게 된다. 미래의 주거공간은 공간의 효율성도 해결하며 사용자도 만족시키는 공간의 구조를 담아낼 것이다. IPv6 등에 의한 IT기술의 폭발적인 팽창과 이에 의한 유비쿼터스 서비스(U-Service)는 단순히 정리될 수 없을 만큼 방대하다. 발전하고 있는 IT기술과 Ubiquitous Technology U-Service의 미래 주택 적용은 피할 수 없는 필연적 사실이다. 지능형 기술들이 인간의 삶에 어떠한 역할을 할 것인지, 어떻게 그러한 기술들과 상호 작용(Interaction)을 할 것인지, 이러한 기술들이 인간의 삶을 전반적으로 향상시킬 것인지, 단지 기계적 효율성만을 향상시킬 것인지는 해결되어야 할 문제들이다.

4. 디스토피아

유비쿼터스 건축은 무엇인가. Ubiquitous는 단순한 최첨단 기술(Technology)일 뿐이다. 유비쿼터스 기술에 의해 제공되는 유비쿼터스 건축은 유토피아를 제공할 수 없다. 오히려 Dystopia, Non-Utopia를 제시할 수 있다. 물질적 가치와 물질적 풍요가 인간의 행복을 보장할 수 있다는 유물론적 관점에서나 가능하다. 말을 타고 다니는 인간에게 차를 타고 다니면 행복해진다고 하는 것과 동일하다. 성능 효율성과 시간 집약이 가능할 뿐이다. 말들을 팔아 차를 장만한 인간이 행복감을 맛볼 수 있다. 그런데 그 차가 고장이 났으나 수리할 능력이 되지 않는다면 그건 재앙 Disaster이다. 꼬르뷔지에는 '건축은 기계' 라고 하였다. 고장난 기계가 주는 재앙은 고려하지 못하였다. 유비쿼터스 도시 바람이 불고 있다. Ubiquitous Technology는 존재하는 사실이나, 유비쿼터스 도시가 인간에게 행복을 보장할 수는 없다. 벽돌과 석재와 목재로 만들던 도시 건축을 철골 Steel과 SRC에 의해 만들면 인간이 행복해 진다는 것과 동일한 논리이다. 단순한 Technology의 진화를 붙들고 대단한 신천지 도시가 만들어 지는 것을 기대하고 있다. 유비쿼터스는 마법의 지팡이가 아니며, Panacea도 아니다.

유토피아는 현실세계에서 발생되어지는 한계적 상황을 극복하기위한 상상력의 경험적 바탕에 근거하여 존재하는 이상세계이다. 유토피아를 바라보는 시각에는 현재의 사회적 상황에 대한 불만족스러운 동기에 의하여 기존의 현실사회를 탈피하고자하는 진보적인 동기에서 시작이 된다. 유토피아는 더 나은 미래를 향한 열망과 사회를 이루고자하는 시도에서 비롯되어지고 그 내면에는 개인

과 사회 공동체 모두의 질적인 생활의 편리함과 발전된 생활의 영위를 목적으로 하고 있다. 과거의 역사적인 비극적 사건의 이면에도 종국에는 유토피아에 대한 이상이 욕망에 기초하여 개혁 및 변화라는 주장아래 자행되어진 것들이다.

근대화이후에 유토피아의 이상적인 염원을 잘 나타내는 전위적 문화활동으로 20세기 초에 이탈리아에서 일어난 미래파(Futurism)의 등장은 새로운 기계문명이 가져다줄 이상적인 세계를 향한 삶의 진보적인 미래를 향한 염원이 잘 그려져 있다. 이전에 겪어보진 못한 기계문명에 기초한 발전으로 모든 인간이 동일한 기계문명의 혜택 가운데 바탕한 현대적인 도시문명에 근거하여 나타나지는 새로운 유토피아의 환상을 찬양하고 있다. 그런 미래파의 전위적인 예측에

근거하는 듯 하여 19세기 산업혁명의 새로운 변화아래 근대이후 현재까지도 새로운 기계적 문명에 기초한 혜택을 누리고 있지만 그것이 궁극적인 유토피아의 이상으로 여겨지는 모든 사회 구성원이 동등하게 누리는 혜택으로까지는 이어지지는 않고 있다. 기계문명의 가치는 심각한 인간존엄성의 훼손이라는 명제앞에 해답을 찾지 못하고 인간존엄성과 인간성은 오히려 진보된듯 하지만, 새로운 계층 간의 갈등 사회공동체간의 갈등을 야기하며 기계문명이 가져다줄 유토피아의 환상에서 벗어나서 기계문명의 디스토피아를 만들어 가고 있다.

유토피아의 환상적 가치는 어느 시대 어느 사회를 막론하고 이상적인 사회에서 자신의 꿈을 이루며 삶을 사는 것이 인류가 나아갈 방향이라는 가치를 내세웠다. 결국 20세기 이후의 유토피아는 자연물질세계의 하나의 구성원이기도 한 인간에 의해서 자연과 속한세상의 구성원에 대한 착취가 없는 완벽한 사회로의 발전이 모든 인류가 공통적으로 고민하면서 이루이내야 되는 사회로 신화를 거듭하는 것이 인류가 걸어가야 할 큰 목표점이라고 여기고 이에 대한 대안적인 방법으로 기계문명이 가져다주는 혜택이 충분히 가능하다고 판단을 하였다.

기계문명적 도시화는 모더니즘 건축에 의하여 산업화, 공업화의 틀 안에서 하나의 아이디어에 의하여 거듭되어지고 때로는 막대한 경제적 지원을 얻어가며 자행되어졌다. 그 결과로 무의미한 도시환경과 기계 만능주의, 그 안에서 소외되어져가는 인간성에 의한 인간의 부속화는 결국 디스토피아를 낳았다. 인류가 만들어내는 문명적 혜택이 오히려 유토피아에 반하는 결과를 가져오고 이를 해결하기위한 대안적인 제시 또한 기계적 진보에 의한 해결방법의 제시에 불구하여 새로운 디스토피아를 양산해내고 있다.

헐리우드의 명배우 찰리채플린은 그의 작품 모던타임즈에서 기계에 종속되어진 노동자의 모습을 잘 그리고 있는데 강박적인 기계하고의 되풀이되는 일상은 새로운 기술문명에 종속되어지는 21세기의 인간의 모습과 크게 차이가 나지 않는다. 결국 채플린이 얘기하고자 하는 인간의 존엄성의 문제는 인간 고유의 가치에 주목을 하며 인간을 위한 인간적인 희망의 메세지가 무엇인지에 대한 근본적인 질문을 던지고 있다. 우리가 본질적인 유토티아에 포커스를 맞추지 않으면 신 디스토피아를 맞이하는 결과를 가져올 것이다.

21세기에 인류는 경험해보지 못하였던 네크워킹된 컴퓨터에 의하여 정보통신의 비약적인 발전과 새로운 기술 문명의 혁명적 태동으로 정보의 바다에서 소외됨이 없는 인류를 꿈꾸며 유비쿼터스적 유토피아 사회를 만들려는 노력이 시도되고 있다. 이는 유비쿼터스를 예견한 마크와이저나 사카무라 켄 같은 컴퓨터 석학들이 예상한 것보다 더 빠르고 자생적인 진화로 정보통신기술의 발전의 한계는 그 끝을 가늠하기가 어려울 정도로 급속하게 사회를 변화시켜 나가고 있다. 기계문명이 기술적인 발전에 의한 삶의 질을 높이는 하나의 도구로 사용되어지고자 했다면 정보통신의 혁명에 의한 유비쿼터스 사회는 모든 인간이 소외됨이 없는 동일한 혜택에 대한 이상적 목표로 기계문명에 근거한 유토피아와 그 이념적인 목표와 여전히 동일하다. 그러나 정보통신 이라는 거대한 괴물앞에 놓여 진 지금의 현실에서는 급격하고도 급속하게 변화하는 상황아래 정보의 미 공유 및 정보소외지에서 파생된 개인 개인의 괴리감과 소외감은 오히려 사회 구성원 계층 및 구성원 계층 내에서의 격차를 심화시켜 나가고 있다. 인류

사회의 진보적인 문명의 발전에 근거한 결과로 모든 계층의 동일한 혜택이 있어야 되는데 정보통신의 발달에 의한 개인화는 오히려 심각한 사회 공동체의 기초가 되는 가족 구성원의 분화 및 파괴로 이어지지만 심각한 수준의 문제의식을 무시한 채 유비쿼터스에 의한 개인의 기초생활의 발전과 삶을 편리하게 하려는 노력은 오히려 더 가속도를 높이고 있다.

결론적으로 유비쿼터스의 디스토피아를 단적으로 얘기하자면 개인의 사생활의 침해 및 심각한 정보의 왜곡에 의하여 개개인의 존재 자체까지를 위협하고 나아가 사회공동체 전체에 대한 지배와 종속의 수준으로까지 가고 있지만 유비쿼터스라는 테크놀러지적 혜택이 가져다주는 이상적인 유토피아 환상에 의하여 이제껏 누린 편리함이 주는 방법을 결코 포기하지 못하고 유비쿼터스에 가려진 디스토피아로 향할 수 있음에도 불구하고 반론의 여지와 아무런 여과 없이 우리의 삶을 지배해나가고 있다.

이렇듯 유비쿼터스는 새로운 유토피아의 환상과 그 내면에 숨겨진 소외된 개인의 가치관과 세계관을 책임지지 않는 디스토피아적 상황으로 내 달리지만 이 둘의 애매한 경계선상에서 우선순위에 대한 아무런 문제의식 없이 쇠를 먹어치우며 한없이 몸이 커지는 상상속의 불가사리처럼 유비쿼터스 유토피아의

이상적인 목표점과는 다르게 유비쿼터스 디스토피아를 키워나가고 있다.

5. 디스토피아 도시 건축

유비쿼터스 건축의 유토피아적 방향은 무엇인가. 루브르 박물관에 전시된 세계적 작품과 같은 예술적 아름다움을 지닌 명품 건축, 최첨단 유비쿼터스 지능형 기술이 결합된 안전성과 쾌적성을 지닌 고성능 건축, 투명한 바닷물과 산호초의 몰디브 해안가 리조트 빌라보다 더 평화롭고 안락한 휴식공간 건축, 우주왕복선 보다 정밀한 MEMS(Microelectoromechacial System)가 결합된 고기능성 건축, 울창한 산림욕장의 빼곡한 숲속에 위치한 듯한 청량한 자연환경형 건축, 지구온난화와 환경문제를 해결한 저탄소 친환경 제로에너지하우스형 건축, 아크로폴리스의 건축물과 같은 유네스코 문화재 수준의 품위를 지닌 고품격 건축, U-Health 유비쿼터스 병원 서비스와 건강관리 서비스가 제공되는 최첨단 웰빙 로하스건강형 건축, 최고급 호텔 수준의 디자인과 특등급 서비스가 결합된 특급호텔형 건축 등이 유비쿼터스 기술이 결합되어 추구될 수 있는 미래 건축의 방향으로 예측될 수 있다. 그러나 이들이 과연 유토피아적 건축 인지는 의문이다. 건축은 더욱 더 사람중심적 이어야 한다. 흙 냄새, 풀 냄새 나고 사람 사는 정겨움이 가득한 평화로운 시골 동네와 같은 건축이 건축의 유토피아이어야 한다. 정신적 철학적 윤리적 도덕성의 풍요로움이 넘치는 건축이 유토피아적 건축이어야 한다. 본질과 목적을 상실한 첨단 고성능 기술과 유비쿼터스는 디스토피아로 가는 지름길인 뿐이다.

자연과 문화, 그리고 건축

NATURE, CULTURE AND ARCHITECTURE

최 / 재 / 천

이화여자대학교 석좌교수

어느 한 분야가 문제를 바꾸는 시대는 지나갔다. 인문학과 자연과학이 하나의 학문으로 합쳐질 수는 없지만, 인문학과 자연과학이 언제나 따로 떨어져서 지내는 일이 계속될 수는 없다. 만나서 소통을 시작하고 사이에서 일어나는 것에 대해 기대하고 열려있어야 한다. 의생학(擬生學)은 자연이 스스로 풀어낸 방법을 공간의 문제로 모방하고 옮겨오고자 한다.

최재천 | 서울대를 졸업하고 하버드대학에서 사회생물학 박사 학위를 했다. 미시건대학과 서울대학의 교수를 거쳐 현재 이화여대 애코과학부 교수로 재직하고 있다. 학문 간의 소통을 꿈꾸며 통섭원을 설립하여 다양한 분야의 학자들을 만나고 있다.

제가 통섭統攝이라는 개념을 우리 사회의 화두로 던지고 나니까 제일 먼저 철학하시는 분들이 관심을 많이 보이시는데, 사실 끊임없이 관심을 보이는 분야는 디자인입니다 처음에는 좀 당황스러웠습니다. (건축을 포함해서)생각해 보니까 디자인이라는 분야는 태생적으로 통섭적일 수밖에 없겠다.. 라는 생각이 듭니다. 디자인 하시는 분들이 '나는 저쪽 모르니까, 나는 저런 거 싫으니까……' 이렇게만 보고 디자인 하는 건 아니잖아요. 그래서 자기가 필요한 모든 것을 다 끌어다 쓰려고 하시는 분들이니까, 어쩔 수 없이 통섭이라는 것에 관심을 보일 수밖에 없다고 생각합니다.

자연을 디자인해보자 해서 의생학擬生學(biomimetics)이라는 학문을 만들어서 하게 되었습니다. 통섭(consilience) 라는 말은 윌슨(E. Wilson)교수님이 쓴 책을 제가 변역하는 과정에서 쓴 말인데요. 굉장히 흥미로운 것은 이 책이 1998년에 나왔는데, 같은 해에 반대편에 위치해 있는 캘리포니아에 '통섭' 이라는 와인이 나왔다는 사실입니다. 서로 알고 한 것은 아니고 동시에 나왔습니다.

영어 사전에도 안 나오는 저 단어가 그렇게 동시에 쓰였습니다. 19세기 영국의 자연철학자가 사용하다가 별로 인기가 없어서 사장된 단어인데, 그것을 다른 학자가 발굴해서 책의 제목으로 쓰고, 또 술장사꾼들이 발굴을 해서 와인 이름으로 만든 이 사건이 같은 해에 벌어진 것입니다. 참 어떻게 이런 일이 있을 수 있을까…… 신기했습니다.

와인이라는 것이 포도나무 하나에서 포도 따가지고 쭉 짜서 병에다 넣어서 '와인이다' 하는 것이 아니잖아요. 와인 원액이 있습니다. 그 원액들을 잘 배합해서 맛을 만들어내지요. 그래서 '이거 될 거 같다' 하면 출시를 하는데, 출시할 와인의 이름을 짓는 과정에서 4사람의 젊은 양반들이 각자 이름을 하나씩 만들어 왔고, 그 중 한 개가 '통섭' 이었습니다. 토론을 거쳐서 만장일치로 결정되었고, 홈페이지에 왜 저렇게 만들었나하는 설명을 해 놓았는데 그게 설명이 아주 잘 되어 있었습니다. 술장사들의 홈페이지에 실린 글이 보통수준이 아니더라는 것이죠. 영국의 자연철학자가 만든 개념인데 영어로 이야기하면 'jumping together'-함께 솟구쳐 오르다, 라는 의미인데 와인이 무엇인가, 우주와 인성의 교감으로 태어난 것이다, 라고 너스레를 떨어놓고, 그렇다면 그것에 가장 적합한 단어가 통섭이라고 늘어놓았는데, 정말 대단했습니다. 통섭의 개념에 대해 이야기를 하면서 건축이라는 관점에서 손에 쥘 것이 있는지 한번 시작해 보겠습니다.

요즘 우리나라 차들을 보면 참 기특하다는 생각이 듭니다. 제가 미국에서 교수를 하다 왔는데 서울의 대학에서 들어오겠냐고 물어봤을 때 1년을 고민했습니다. 좋은 점, 나쁜 점을 각각 쓰면서 생각을 하다가 한국에서는 교수가 BMW 차를 살수 없다는 점이 있었습니다. 미국에서는 교수들이 BMW를 많이 탑니다. 최근에 한국산 차가 눈에 들어옵니다. 디자인도 좋은 것 같고 성능도 굉장하다고 평가 받고 있다고 하네요. 제가 무슨 이야기를 드리려고 하냐면, 이제 우리는 숙제를 제법 잘하는 수준에는 온 것 같습니다. 자동차 한번 만들어봐라, 그러면 모든 자동차 만드는 기술을 총동원하고 거기에 디자인을 잘 해서 어디에다가 내 놓아도 경쟁할만하게 내 놓을 수 있습니다. 숙제는 잘하는데, 아직도 우리가 못하는 것은 출제, 즉, 문제를 먼저 만들어내고 남들로 하여금 그 문제를 풀면서 따라오게 하는 것이죠. 이런 기계들 LG, 삼성 다 만듭니다. 그런데 스티브 잡스(Steve Jobs)가 나와서 몇 번만 움직이면 전 세계가 자지러집니다. 그 다음에야 허덕허덕 그것을 쫓아가느라 바쁩니다. 우리는 아직 출제를 못합니다. '아바타' 라는 영화 많이 보셨을 것입니다. 저 영화를 실제로 만든 제작진에는 한국인들이 꽤 있다고 합니다. 무슨 이야기냐면 제임스 캐메런(James Cameron)이 이렇게 만들어라 하면 그 밑에서 만드는 작업을 했다는 것입니다. 이런 것을 하청업이라고 하죠. 우리가 하청업은 할 줄 압니다. 그런데 이것을 구상할 수 있는 사람이 아직은 없잖아요. 과학기술을 알아야하고 신화를 꿰뚫어야하고 인문학적 성향을 알아야 하고 생태학이 전반에 깔려있는……. 학문분야에 상관없이 마구 넘나들 수 있는 그런 인재가 이런 영화를 만들 수 있다는 것입니다.

그런데 지금 이 순간 우리 사회를 둘러보면 제임스 캐메런, 스티브잡스를 못 찾잖아요. 몽땅 다 숙제만 하고 하청업만 할 줄 아는 사람들만 모여 있는 것 같다는 생각입니다. 우리 중에는 이제 상당수가 7~8명 건너가다 보면 한 명씩 톡톡 튀어나오는 그런 사람들이, 학문의 경계를 무시하고 마구 자유롭게 넘나들 수 있는 그런 인재들이 나와 줘야 드디어 우리가 20,000불의 고비를 넘어 설 수 있다고 생각합니다. 우리가 국민소득 20,000불에 걸린 지가 10년은 된 거 같습니다. 전 세계에서 우리나라만큼 열심히 일하는 나라가 있나요. 제 생각에는 별로 없는 것 같아요. 우리는 정말 죽어라고 일합니다. 그런데 그렇게 일하고 굉장히 머리 좋다면서요. 근데 왜 우리는 20,000불의 고지를 넘기지 못할까요. 사실

20,000불 나쁘지 않습니다. 괜찮은 편입니다. '그냥 20,000불로 만족합시다. 그냥 우리는 숙제만 합시다. 하청업만 합시다.' 해도 20,000불정도 할 것 같아요. 이것보다 내려가는 일을 없을 것 같습니다. 우리가 그렇게 살 사람들이 아니잖아요. '우리가 대충 삶의 질은 접고 사는 사람들이니까, 죽어라고 일하는 사람들이니까 이 정도 할 겁니다.' 그러려고 사는 것은 아니잖아요? 우리는 50,000불로 가고 싶은 겁니다. 정말 선진국이 되고 싶은 겁니다. 그러려면 숙제만 하는 사람들만 모여서는 하청업만 하는 사람들만 모여서는 도저히 이룰 수가 없습니다. 이제는 우리들 중에 분야를 넘나들 줄 아는 통섭형 인재가 인문학과 자연과학을 넘나들 수 있는 그런 인재들이 툭툭 나와 줘야 할 것입니다.

아리스토텔레스(Aristotle), 다빈치(L. Davinci), 연암 박지원, 다산 정약용, 이 네분의 공통점은 무엇입니까. 어느 한 분야에 치우치지 않고 굉장히 다양한 분야를 섭렵하신 분들입니다. 우리가 가지고 있던 지식이 대단하지 않았던 시절이기 때문에 대충 파면 바닥이 보였습니다. 다산 정약용 선생이 화성 축조하실 때 '러시아에 토목공학 박사학위를 받아 오겠습니다.' 이런 것이 아니잖아요. 제가 생각하기에 중국 가서 건물 짓는 책 한권 슬쩍 한번 보시고 오셨겠죠. 그 정도만 했어도 그 당시에는 조선 팔도에 최고의 토목공학자 역할을 할 수 있었습니다. 그런데 지금 다산 정약용 선생이 오신다고 그럴 수 있나요? 그럴 수 없습니다.

19세기 20세기가 지났습니다. 자연과학 덕택에 지금 우리 인류가 축적해온 지식의 총량은 어마어마합니다. 그걸 한 개인이 2~3분야를 완벽하게 총괄하는 것은 불가능합니다. 절대로 못합니다. 그래서 언제부터인가 우리가 이런 전략을 쓰기 시작합니다. 좁고 길게 파고 들어가는 겁니다. 전공분야입니다. 여러분 다 전공분야가 있으시죠. 전공분야 없이 이것저것 아무거나 배우지 않습니다. 자기의 주 분야를 만드는 겁니다. 전문인으로 세상을 살아가는 겁니다. 대학의 전문인들이 여기 어딘가에서 삽질을 하고 계신 겁니다.

우물을 깊게 파려면 넓게 파라. 혼자서 이 어마어마한 지식의 시계에서 넓게 파고 싶지만 평생을 파도 팔 수 없습니다. 그러면 어떻게 해야 하나, 여럿이 함께 넓게 파기 시작하면 함께 깊게 팔 수 있다. 지난 20세기까지는 혼자 파왔습니다. 21세기 와서는 절대로 혼자 파지 않습니다. 여러분 건축을 하셔서 직장을 얻으시면 혼사 일하십니까? 아닙니다. 아직도 우리 대학교육은 혼자 하게끔 공부합니다. 그런데 저 교문을 나서는 순간 절대 혼자하지 않습니다.

그런 일을 하자는 것이 통섭의 개념입니다 더 이상 어느 한분야가 문제를 바꾸는 시대는 지나간 것입니다. 인문학과 자연과학이 하나의 학문으로 합쳐질 수 는 없지만, 인문학과 자연과학이 언제나 따로 떨어져서, 따로 따로 지내는 일이 계속될 수는 없다는 것입니다. 이제 두 학문이 만나야 합니다. 자꾸 만나서 소통을 하다보면 그 둘 사이에서 뭔가 일이 생겨나는 것입니다.

좋은 담이 좋은 이웃을 만든다. 담이 아예 없으면 이웃이 아닙니다. 한 집안입니다. 우리는 한 집안이 되었다고 늘 행복한 것은 아닙니다. 담이 있어야 합니다. 통섭은 학문 간의 경계를 완벽하게 무너뜨리고 하나로 합치자하는 개념이 아닙니다. 물리학, 경제학 법학 다 따로 있어야 합니다. 하지만 지금처럼 담이 너무 높으면 전혀 소통이 안 됩니다. 담을 조금만 낮춰 주시면 생물학자인 제가 건축에 건너오겠다는 겁니다. 사회학 쪽으로 가서 같이 좀 무언가를 하고 싶다는 겁니다. 지금은 안 됩니다. 남의 분야 사람이 내 분야에 와서 얼쩡거리는 것은 환영을 받지 못합니다.

이제는 정말 학문의 경계를 낮추고 자유롭게 왔다 갔다 해야 합니다. 제가 실험을 한번 해보았습니다. 처음에는 분명히 둘 다 우리말을 하는데, 말이 안 통했습니다. 그런데 5년 만나서 하다 보니까 서로 이해하게 되더라고요. 인문학과 자연과학은 절대의 하나의 학문으로 합쳐질 수는 없습니다. 하지만 자주 만나다보면 둘만의 무언가 새로운 길을 찾아 갈 수 있습니다. 저는 평소에는 산 바다를 다니면서 동물들이 무슨 짓을 하고 사나 연구 하는 사람입니다.

개미를 비롯한 곤충연구로 시작해서 한국에 들어와서 까치 연구를 15년째 연구를 하고 있고요. 몇 년 전 부터 인도네시아 정글에 가서 긴팔원숭이를 조사하고 있습니다. 저는 진화를 연구하는 사람입니다. 진화를 연구한다는 것은 과거를 연구한다는 뜻이죠. 언제 한번 미래를 예측해달라고 했는데 관심이 생겨

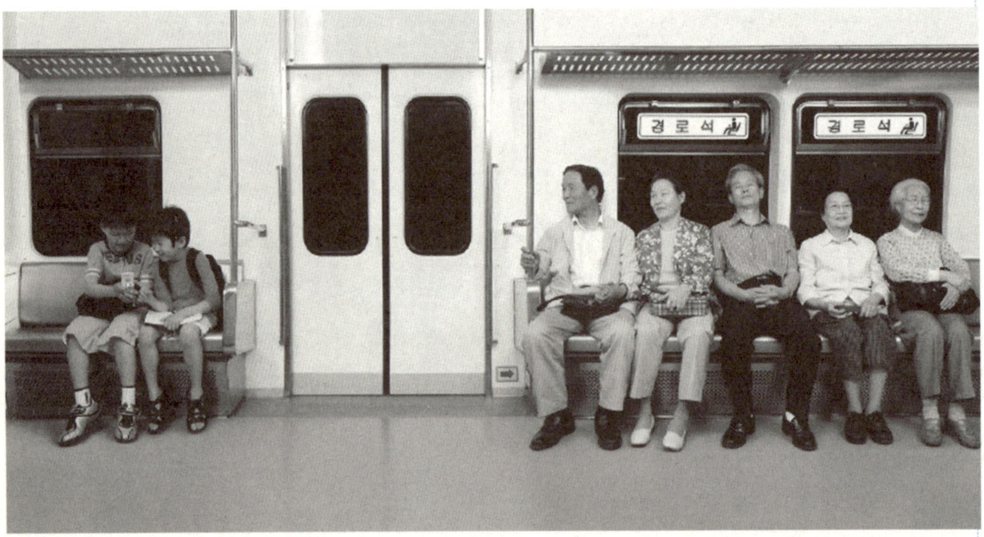

서 지난 10여년 동안 미래학이란 학문을 공부했습니다.

"foresight with insight based on hindsight"

과거를 바탕으로 통찰력을 가지고 보면 미래를 예측할 수 있다. 연구하고 독서하고 토론하고 하면서 통찰력을 기르다 보면 미래가 보인다는 것입니다. 미래는 과거의 관성으로 나타납니다. 과거 없이 미래가 나타날 수는 없는 것입니다. 그래서 제가 한 2020년까지 우리사회가 어떤 경향을 띨까 하는 것을 나름대로 정리한 것인데요. 오늘 이 자리에서 전부 할 생각은 아니고요. 이 세 가지만 간단히 이야기하면서 나름대로 건축과 연결을 지어 보고자 합니다. 제가 이런 일에 발을 남그게 된 원인도 바로 고령화 때문입니다. 우리나라는 지금 고령화 속도가 가장 빠른 나라입니다. 2050년경에는 일본을 앞질러서 전 세계에서 가장 노인국이 된다고 합니다. 고령화 문제를 생각해보면 미래에 관한 연구를 안 하려야 안할 수가 없습니다. 이 광고는 서울지하철에 몇 년 전까지 붙어 있던 광고입니다. 2020년경이 되면, (고려대학교 통계학과 교수님이 냉정하게 분석해본 결과 2017년 이라고 합니다) 2017년만 되면 65세 이상 노인들이 15세 이하 어린이들보다 많아집니다. 이게 불과 한 6년 후에 대한민국의 모습입니다. 이런 상황에서 정말 우리는 그냥 넋 놓고 있다는 것입니다. 도대체 정부는 무슨 생각을 하는지 이해가 안갑니다. 고령화문제라는 어마어마한 시한폭탄은 없다고 합니다. 그래서 고령화문제를 'agequake' 이라고까지 합니다. 그야말로 이번 일본에서 벌어진 일 같은 것이 사회적으로 벌어질 수 있다는 것입니다. 세계의 건축가들은 이런 것들을 구상하고 있거든요. 건물의 규모가 어마어마하게 커지는 경향이 있어요. 그런데 그런 정도가 아니라 지금은 내 방이 고정 되어 있지만 미래의 건축 중에는 건물 자체가 퍼즐로 돼 있어서 내방이 움직여 다니는 그런 것을 구상하고 있습니다. 미국의 건축가들은 이런 구상을 하고 있는데 우리는 지금 강바닥에 시멘트 바르고…….

지금 세계의 건축가들은 우주에다가 호텔 짓는 것을 연구하고 있습니다.

우리는 기후 변화의 시대에 살고 있습니다. 굉장히 중요한 이슈가 되고 있습니다. 여러분은 대충 2100년까지는 사실 텐데, 21세기 내내 기후변화 이야기를 귀에 못이 박히도록 우리 삶을 완벽하게 압도할 일입니다. 다행히 우리 정부는 2008년 8월15일 경축사에서 우리 정부의 미래비전을 저탄소 녹색성장으로 잡았습니다. 이것은 대단히 잘한 일입니다. 모든 나라가 녹색성장을 하고 있습니다. 그 많은 나라 중에 간판을 가장 먼저 내건 나라는 우리나라입니다.

그런데 시작은 하셨는데 실제 구체적인 사안에 들어가면 잘 못하고 있습니다. 4대강은 녹색성장에 거꾸로 가는 사업이고요, 그래서 제가 이번에 기후 변화 교과서라는 책을 만들었습니다. 녹색성장을 꺼내는 것 자체는 좋은데 기후변화에 어떤 공부 ,인재양성 ,합의가 전혀 안 돼 있는 상태에서 밀어붙이다 보니깐 이게 어디로 가야 할지 모르는 겁니다. 정부 부처마다 기후변화 담당관이 다 있습니다. 예산도 어마어마하게 쓰이고 있지만 실제로 들여다보면 그것과 관계없는 것에 쓰이고 있습니다. 그래서 뭔가 모두가 공유할 수 있는 어떤 DB가 있어야 되겠다 싶어서 써 보았습니다.

정말 우리가 가지고 있는 모든 자료를 축적해놓고 보면 지구가 너무 비정상적으로 빠른 속도로 더워지고 있다. 이건 부정할 수가 없습니다. 문제는 그것이 우리가 저지른 일이냐 아닌가에 대한 논란의 여지가 있는 것입니다. 저지른 것은 분명합니다. 우리 스스로가 저지른 것이 얼마나 중요한 역할을 했는지에 대한 논란이 있는 겁니다. 그건 논란이구요 현상은 이미 벌어지고 있습니다. 근데 이것은 우리가 대응해야 되는 문제이고요.

환경재단에서는 문화센터를 만들고 뉴욕에서 만든 기후변화 체험전을 유치해서 과학관에서 전시했습니다. 미국 것을 그대로 가져다 놓으면 인기가 없을 것 같아서 우리 것을 만들어서 놓았습니다.

시뮬레이션을 했는데요. 만약 서울에 하루 800mm의 비가 내리면 무슨 일이 벌어질까를 시뮬레이션을 해보니까 시청 지하철역이 모두 잠겼습니다. 이게 남산한옥마을을 만든 건데요, 처마 밑까지 물이 찹니다. 이 말은 서울 시내가 잠겼다는 겁니다. 한번만 800mm 내리면 서울은 그날로 서울의 모든 인프라는 끝장난다는 의미입니다. 800mm? 그것은 너무 하지 않나요? 아닙니다. 얼마 전에 부산에 비가 너무 많이 와서 골목에 자동차들이 쓸려 내려가는 사건이 벌어졌죠. 그때 300mm 온 겁니다. 태풍 루사(Rusa) 기억하십니까. 무덤들이 다 쓸려 내려가고, 그때 1000mm 왔습니다. 에이 강릉에 1000mm 왔는데 서울에 어떻게.. 재작년에 대만에 하루에 3000mm 왔습니다. 언제 서울에 800mm 쏟아질 수 있습니까 묻는다면 저는 매일이라고 답을 합니다. 언제든지 벌어 질수 있는 일입니다. 서울의 인프라를 기후변화시대에 걸맞게 바꿔줘야 한다는 겁니다. 그런 토목공학을 해야 한다는 것이지요. 전 세계에서 가장 빠른 속도로 기후변화에 맞는 토목기술을 개발해 내면, 세계의 모든 도시가 사갈 수밖에 없다는 것입니다.

이런 이야기 들어 보셨나요? 미국의 치즈 가격이 왜 올랐을까. 중국 사람들이 치즈 맛을 알게 되어서 그렇다는 겁니다. 중국인들이 한 조각씩 먹어봤는데 미국시장의 치즈 값이 올라가는 겁니다. 저 시장이 너무 방대하기 때문에 , 그래서 지금 국제 시장에는 'china is standard' - 중국이 하면 싫건 좋건 무조건 기준이 됩니다. 그 어마어마한 시장이 어느 쪽으로 움직이느냐에 따라서 세계의 시장은 따라 다니는 것입니다.

저는 식량문제가 앞으로 심각해질까라는 걱정을 합니다. 지금 전 세계에 경작 가능한 땅의 80%정도가 이미 경작을 하고 있습니다. 그런데 지금 한 10년 만에 10억 정도가 늘고 있는 추세로 우리나라 같은 경우는 저(低)출산 때문에 고민이지만, 전 세계적으로는 아직도 너무 사람들이 출산을 많이 해서 고민입니다. 10억씩 10년에 늘고 있는데 앞으로 10억이 또 늘면 그 사람들이 먹고살기 위해서 브라질만한 땅이 필요합니다. 하지만 브라질만한 땅이 남아 있지 않습니다. 앞으로 10년~20년 내로 식량 때문에 큰 혼란이 옵니다. 그런데 대한민국은 농업국가라 하는데 식량 중에 쌀하고 계란 빼놓고는 모두 외국에서 사들입니다. 식량대란이 벌어지면 전 세계적으로 가장 산다는 나라 중에 제일 직격탄을 받을 나라가 대한민국입니다. 식량에 관한한 신경을 안 쓴다는 것입니다.

이런 멋진 아이디어가 있습니다. 도시 한복판에 건물농장을 짓자는 아이디어입니다. 어느 교수가 낸 아이디어인데요, 제가 예전에 국제기생충학회에서 만난 사람입니다. 그런데 어느 날 갑자기 'vertical farming' 이라는 것을 들고 나와서 지금 무지하게 바쁩니다. 전 세계를 돌아다니고 있습니다. 2년 전에 한국에 왔었는데, 도대체 이 아이디어는 어디서 오는 것이냐고 물어봤더니, '계단식 논을 밀어서 똑바로 세우니깐 이렇게 되더라' 하더군요. 우리는 저런 논을 매일 보고 살았는데 왜 저런 아이디어를 못 내는 것일까요. 고층건물 안에서 농사를 짓습니다. 그럼 제일 위에서 물을 뿌리면 위층부터 공유를 하고요. 밀폐 됐기 때문에 해충이 들어오지 않아서 농약을 칠 필요가 없고요. 밀폐되어있기 때문에 수증기가 증발해서 맨 위에 고이면 그냥 받아먹어도 된답니다. 로컬푸드(Local food) 운동이 일어나고 있는데 대도시에서는 할 수가 없잖아요 쿠바처럼 경제적으로 너무 어려워져서 어쩔 수 없이 농사를 짓기 시작한 경우가 아니라

한옥의 마당과 대청마루

면 할 수가 없는 것입니다. 그런데 이 아이디어 충분히 가능하다고 생각합니다. 지금 뉴욕의 시장이 만지작만지작 한답니다. 도심 한복판에 지어가지고 농사 지어 보자는 것입니다. 저는 이 아이디어가 너무 멋지다고 생각하는데, 왜 아직도 아무도 덥석 쥐지 않고 있는지 잘 모르겠습니다.

nature informed

요즘에 건축에서도 소위 'nature informed' 라는, '자연을 건축으로 끌어드리려는 것' 을 하고 있다고 합니다. 저는 조금 섭섭합니다. 자연을 받아들였다고는 하는데, 'nature inspire' 까지는 된 것 같지만, 영감을 얻은 듯 하지만, 자연에서 정말 충분히 배운 것 같지는 않다는 생각입니다. 약간 흉내는 냈는데 진짜로 기능이 들어왔다는 기분은 덜 듭니다. 우리나라 옛날 전통건물에 대한 연구를 보면서 우리나라건물이야 말로 nature informed 된 건물이 아닌가. 지금 자꾸 건축하시는 분들은 모양을 자연으로부터 가져오라고 애쓰시는 것 같은데요. 이것은 모양은 아닌데 우리나라 대청마루가 기가 막힌 구조랍니다. 일본사람들은 앞뜰에 온갖 나무를 심잖아요. 그런데 우리나라 조상은 앞뜰을 완벽하게 비웠답니다. 그러면 그 부분은 매우 뜨거워지고 뒷문을 열어 노면 뒤에 숲의 찬 공기가 뜨거운 공기 쪽으로 밀려 온 답니다. 그래서 대청마루가 시원한 바람이 부는 겁니다. 이것은 자연의 섭리를 이해하고 물리학적으로 디자인이 된 예입니다. 이런 디자인이 별로 없답니다. 저는 오히려 건축하시는 분들이 자연으로 무언가를 하시는데, 더 중요한 것은 모양을 자연에서 베끼는 것보다는 정말 자연의 섭리를 담는 것이 더 중요하다고 생각합니다.

시카고에서는 요즘 굉장한 일이 벌어진답니다. 기후변화시대에 걸맞게 시카고를 다시 리빌딩(rebuilding)하는, 그래서 탄소배출량을 오히려 서서히 줄여나가는 것을 여러 나라에서 노력하고 있습니다.

이런 차원에서 제가 몇 년 전부터 새로운 학문 분야를 만들었습니다. 의생학(擬生學) - 자연을 흉내 내는 학문입니다. 찍찍이에서 출발하신다고 보면 됩니다. 사실 이것은 우리가 발명한 것이 아닙니다. 식물 중에서 자기 씨앗을 동물의 털에 붙여서 멀리 이동시킨다는 진화의 과정을 거치면서 만들어진 것입니다 그것을 우리가 그대로 베낀 것입니다. 우리끼리 표절하면 불법입니다. 자연을 표절하는 것은 합법입니다.

동남아시아 여행하시다 보면 호텔벽면에 막 기어 다니는 개코라는 도마뱀이 있죠. 그 도마뱀의 발바닥을 현미경으로 들여다보면서 거기에 있는 섬모들을 그대로 베꼈습니다. 베꼈더니 이게 타일벽면이나 유리벽면 같이 미끄러운 벽면을 1초에 4cm씩 기어 올라가는 것입니다. 이걸 2006년 타임즈(The Times)가 그 해의 발명으로 뽑아서 일약 세계적으로 유명하게 되었습니다. 일본은 지금 신칸센을 리모델링을 하고 있는데 마찰을 줄이기 위해서 밤에 소리 없이 날아다니는 올빼미의 깃털표면을 사용하고 있죠. 앞의 모양은 물총새의 부리모양으로 하였습니다. 자연을 모방한 것입니다. 자연이 만든 가장 위대한 걸작 중에 하나가 우리 인간을 포함한 척추동물의 뼈입니다. 굉장히 가벼운데 굉장히 강인합니다. 그래서 핀란드 가구 회사가 뼈가구를 만들었습니다. 못될 것 없죠. 우리는 그동안 보트는 물에 빠지면 안 되는 줄 알았습니다. 물 위를 전속력으로 튀기면서 다녔습니다. 캘리포니아 한 회사가 왜 안 되는데 하면서 돌고래 보트를 만들었습니다. 모양도 돌고래처럼 생겼고 행동도 돌고래처럼 합니다. 솟구쳤다가.

흰개미탑과 가우디(A. Gaudi)가 디자인 성당

들어갔다가. 없어서 못 판답니다. 자연을 베꼈더니 대박을 치는 것입니다.

제 눈에는 이 건축물이 너무 비슷해 보입니다. 하나는 가우디(A. Gaudi)가 디자인한, 인간들이 청사진을 보고 만든 성당이고요 이것은 뇌가 좁쌀의 한 50분의1도 안 되는, 저 놈들이 설계도 없이 만들어낸 흰개미탑입니다. 제가 상을 줘야 한다면 흰개미탑에 줘야합니다. 가우디 성당은 여름에 되면 덥습니다. 하지만 흰개미탑은 아프리카 땡볕에 하루 종일 서 있어도 실내온도 변화가 2도 이내입니다. 굴뚝을 기가 막히게 잘 만들었기 때문에 끊임없이 뜨거운 공기가 빠져

흰개미탑과 가우디(A. Gaudi)가 디자인 성당

나가서 완벽한 냉난방 시설을 갖추고 있습니다.

호주에서 발견된 흰개미탑 입니다. 저는 가우디 성당의 도면을 빼돌렸다고 확신합니다.

걔네만 우리한테 배우는 것이 아닙니다. 우리도 저들한테 배울 수 있습니다. 짐바브웨의 Eastgate Center는 흰개미탑 처럼 굴뚝을 많이 만들고 여러 가지를 해놨습니다. 아프리카 인데 거의 연료를 안 쓰고도 쾌적한 실내 온도를 유지할 수 있었습니다.

자연의 아이디어는 그동안 우연히 얻었습니다. 여러분들 산에 갔다가 씨앗

붙어본 경험 모두 있으시잖아요, 우리는 그걸 때면서 욕만 했습니다. 하지만 스위스의 한 양반은 그거에 아이디어를 얻어서 벨크로(Velcro)를 만들어냈습니다 벨크로는 지금 심장병 수술에도 쓰인다고 합니다. 자연을 베끼면 때론 대박을 칩니다. 저는 의생학이라는 학문으로 대놓고 베낄 것이 없을까 하면서 자연으로 나가보고자 합니다. 저희는 그동안 자연을 순수하게 연구만 했습니다. 풀어내야할 숙제가 있으면 자연을 연구해야 하는 사람에게 주면 저희가 들어가서 찾아보겠다는 것입니다. 그리고 그 아이디어는 여러분의 머릿속에서 쥐어짜내는 아이디어보다 훨씬 탁월합니다. 왜? 여러분의 아이디어는 사회에서 검증을 받아야 합니다. 하지만 자연의 아이디어는 수천만년동안 자연 상태를 통해 이미 혹독한 검증을 거쳤습니다. 저 검증에서 실패한 것들은 이미 멸종하고 사라졌고요. 지금 살아있는 종들-개미, 까치, 은행나무-은 다 한 가닥 할 줄 알기 때문에 살아 남았습니다. 그 한 가닥의 비밀을 캐다가 우리 입맛에 맞게 조금만 각색하면 그게 분명히 우리 머릿속에서 짜낸 것보다 탁월할 것입니다. 저는 이게 굉장히 해볼 만한 일이라 생각해서 의생학이라는 것을 하고 있습니다.

animal architecture

제가 연구한 것들을 소개해 보겠습니다. 우리가 거미줄을 보면 이게 그냥 막 만들어 놓은 것이 아닙니다. 굉장한 디자인이 이곳에 숨어있습니다. 그리고 옆에 거미줄을 어디다가 걸 수 있느냐에 따라서 이 구조가 바뀝니다. 그러나 그런 주어진 환경 속에서 가장 효과적으로 먹이를 잡을 수 있는 구도를 만들어냅니다 심지어는 여러 거미가 함께 묶어지고 각도를 조절하여서 쫙 포진하게 하는 것도 있습니다.

자연이 만들어낸 가장 기가 막힌 구조 중에 하나가 벌집입니다. 그 공간의 소모가 가장적다는 거죠. 우리는 방을 사각으로 항상 만듭니다. 사각의 저 구석은 사실 가구 놓기 전에는 별로 쓸모가 없습니다. 하지만 육각형을 저렇게 포개어서 놓으면 중간에 빠지는 공간도 거의 없고요. 안에 있는 공간을 다 쓸 수 있고, 공간 활용도가 최고로 높습니다. 이것을 벌들은 어떻게 찾아내느냐는 겁니다. 벌들이 박사학위를 받고 한 것은 아니겠지요. 오랜 세월 동안 자연 상태 과정을 거치면서 이런 것을 하게 된 종들이 가장 성공적으로 살아남은 겁니다. 심지어는 물속에 사는 수조곤충 중에 날도레라는 놈들은 작은 돌들을 붙여서 자기 집을 만듭니다. 저 구조가 기가 막히게 정교합니다. 정말 작은 곤충임에도 불구하고 그들이 만드는 건축물은 상상을 초월합니다.

비버의 댐을 보면 인간이 만들었다고 해도 믿을 수밖에 없을 것입니다. 각도, 받침대 이것을 기가 막히게 합니다. 물이 한꺼번에 내려와서 어디가 부서지면 보수하는 과정도 관찰해보면 인간이 할 것 같은 짓을 다 합니다. 동물들도 이런 기가 막힌 건축마인드가 있다는 것입니다. 저는 개인적으로 박쥐를 공부했는데요. 박쥐하면 징그러운 동물로만 아시잖아요. 그런 인식은 이 박쥐 때문에 생긴 건데요. 흡혈박쥐죠. 전 세계에 흡혈박쥐를 조사 해본 바에 의하면 99% 다 광견병 바이러스를 가지고 있답니다. 굉장히 조심해야 합니다. 박쥐가 다 이렇지는 않습니다. Ectophylla Alba 라는 박쥐가 잇습니다. 손에 쥐면 메추리알보다 조금 크고요, 달걀보다 조금 작습니다. 뽀송뽀송한 것이 너무 예쁩니다. 이게 지금 바나나 잎에 매달려 있는 겁니다. 가장자리에 구멍이 나있습니다. 박쥐들이 물어뜯은 겁니다. 입면을 따라서 물어뜯으면 양쪽이 가라앉으면서 A형 텐트와 같은 형태를 취하면서 그 안에서 자는 겁니다. 저런 방식의 행동을 하는 박

Ectophylla Alba

쥐들이 몇 종 있습니다. Vampyressa Nymphaea라는 종을 보면 가운데를 물어뜯다가 한 3분의2쯤의 지점부터 가운데를 물어뜯습니다. 그러면 가운데가 약간의 삼각형 공간이 생기게 되죠. 그러면 그 공간 밑에 들어가 있습니다. 왜 이러냐. 열대에는 비가 많이 오면 젖으니까 숨기위해서 만드는 것입니다. 종에 따라서 만드는 방법이 정해져 있습니다. 다른 이파리를 사용해도 똑같이 만듭니다. Artibeus Watsoni라는 종은 이렇게 생겼는데요. 양쪽 끝을 처음 잎맥 부분을 물어뜯어서 고깔모양으로 만들어준 후 그 밑에서 있습니다. 밑에서 보면 첫 부분에 끊어주는 겁니다. 그러면 가라앉으면서 마치 배를 엎어 놓은 모양을 하게

Uroderma Bilobatum

됩니다. Uroderma Bilobatum라는 종은 바나나 나뭇잎의 끝 부분 가장자리에서 시작해서 물어서 올라갑니다. 역이자를 만들게 되죠. 멀찌감치 공간을 확보하기 위해서 넓게 시작해서 점점 올라가면서 좁게 올라갑니다. 이것은 제가 발견 한 것인데요. 이파리가 축 처진 것들을 봤는데 그 안에 박쥐가 있었습니다. 가운데 큰 줄기구여, 제일 안에 있는 이파리는 멀찌감치 한번 물어뜯고 올라가면서 조금 가까이 물어뜯습니다. 그러면 안의 이파리 바로 위에 다른 이파리가 포개지면서 기와가 얹혀 놓이듯이 위에서 물을 부어도 물이 새지 않게끔 합니다.

그래서 이런 형태가 나오게 됩니다. 이 사진이 내셔널지오그래픽(National Geographic)에 실렸습니다. 그런데 이것도 따지고 보면, 이 이전에 보여드렸던 모든 박쥐들이 만드는 텐트는 큰 이파리 하나만 가지고 만든 것입니다. 이 종이 여러 이파리를 한꺼번에 사용한 것은 최초의 발견이지만 결국 아이디어는 똑같다는 것입니다. 멀찌감치 에서 물어뜯기 시작해서 좁혀 올라가는 것과, 제일 밑에서, 멀리서 부터 물어뜯고, 올라가면서 점점 가까이하는 아이디어는 똑같지요. 단지 이것은 3차원 공간에서 이루어진 것입니다.

어쩌면 여러분들이 앞으로 풀어내야할 공간의 문제들이 자연에서 모방할 수 있을 수는 없을까 해서 저는 의생학 연구센터라는 것을 만들어 놓고, 여러 분야의 분들과 같이 모여서 브레인스토밍을 합니다. 이렇게 하다가 보면 뭔가 새로운 돌파구가 나오지는 않을까 생각해봅니다. 베이징 올림픽스타디움 인데요, 새 둥지 모양을 연상시킨다고 하죠. 사실은 이렇게 얼키설키한 것이 까치둥지 모양과 비슷한 점은 있지만, 뭐 그렇게 기가 막힌 작품 같지는 않습니다. 왜냐하면 모양도 약간은 엉거주춤했고, 그렇다고 이게 기능적으로 새 둥지가 가지고 있는 기능을 도입한 것도 아니고 해서.., 조금 실망했습니다. 만약 우리가 정말 자연을 건축에 끌어들이고자 한다면 이것보다는 훨씬 나은 것을 만들어 낼 수 있지 아닐까 생각을 해봅니다.

* 본 원고는 2011년 4월 26일 국민대학교 건축학부 건축전의 일환으로 진행된 최재천 교수님의 강연 "자연과 문화, 그리고 건축"을 녹취한 기록이다.

건축과 감정과학

ARCHITECTURE AS SCIENCE OF FEELINGS

전 / 현 성균관대학교 유학동양학부 초빙교수

21세기에 접어들어 감정을 알지 못하면 예술도, 인문과학도 사회과학도 자연과학도 위험한 학문으로 전락한다는 체험과 자각이 깊어지고 있다. 정치도 경제도 감정을 이길 수 없다는 진실을 힘들게 배우고 있는 것이다. 건축학이 신의 전문직이라고 하는 고전의 이해는 바로 감정의 자기이해가 영원무한한 신의 자기이해와 다를 바 없다는 인식이다. 집을 짓는다는 것은 마음도 아니고 몸도 아니고 감정을 돌보려는 것이다.

전헌 | 감정이 스스로 자기이해를 하는 것이 모든 학문의 기본임을 근거로, 분야를 가리지 않으며 감정과학을 연구하는 철학자다. 한국과 미국에서 철학과 신학을 전공하고, 미국의 교수직을 은퇴한 후 현재 성균관대학교와 국민대학교에서 감정학 강의를 하고 있다.

건축학은 인류 문명에서 가장 오래된 학문이다. 인류의 문명사는 우주와 만물의 건축을 다루는 창조신화로 시작하고 신은 건축가의 이미지로 나타난다. 서구 문명의 기초 문서인 히브리 성서는 “태초에 하나님이 천지를 창조하시니라.” 창세기 1장 1절. 는 문장으로 시작한다. 건축학의 기본인 기하학은 철학의 기본이기도 하다. 플라톤(기원전 427-347)의 아카데미 출입문 현판에는 “기하학을 모르는 자는 내 집 지붕아래 들어오지 못하게 할지니라.” 플라톤의 『국가』 박종현 역주. 서광사. 1997. 473쪽 각주 31.고 쓰여 있었고 “신은 언제나 기하학자 노릇을 한다.” 플라톤의 『국가』 박종현 역주. 서광사. 1997. 473쪽 각주 31. 고 플라톤이 말했다는 것이다. 소크라테스(기원전 470-399)는 제자에게 타이르기를 “자네의 ‘아름다운 나라’(kallipolis)의 시민들이 어떻게든 기하학을 멀리하는 일이 없도록 최대한 지시해야만 하네.” 플라톤의 『국가』 박종현 역주. 서광사. 1997. 475쪽. 라고 다짐했다고 한다. 가히 건축학은 신의 전문직이

오막살이 초가집

고대광실(高臺廣室)

World Trade Center, New York / USA
Taj Mahal, Agra / India
Egyptian Pyramids

라 해도 과언이 아니다.

우리가 살고 있는 나라가 아름답다든가 집이 아름답다는 말은 나라나 집을 두고 하는 말 같지만 사실은 사람의 감정을 말한다. 타지마할이 아름답다는 것은 건물과 정원과 연못을 두고 하는 말이 아니라, 그 건축물과 떼어 놓을 수 없는 사랑의 이야기가 불러일으키는 영원한 감정을 말하는 것이다. 같은 타지마할이라도 자한 왕이 사랑의 기념물로 건축한 인도 아그라의 궁전(1653년 완공) Wikipedia. 과 도널드 트럼프가 도박의 아성으로 건축한 미국 애틀랜틱 시티의 카지노(1990년 완공) Wikipedia. 가 다른 것은 비단 건축물과 용도의 차이가 아니라 건축물과 연계된 감정의 차이인 것이다. 햇볕이나 비 때문에 지붕을 올리는 것 같지만, 감정에 따라서는 오히려 지붕을 뛰쳐나가 햇볕이나 비를 즐기는 것이다. 건강에 해로운 자외선 노출이나 방사선 비는 감정과 무관하게 차단하여야 하는 것 같지만, 감정이 복받치면 죽기라도 하는 것이 사람이다. 뉴욕 맨해튼의 상징으로 아름답다던 월드 트레이드 센터의 트윈 타워가 하루아침에 연기로 사라진 것도 그 건축물이 무너뜨리고 싶은 흉물로 보인 감정 때문이다. 건축학은 감정과 불가분이어서 감정에 따라 그 업적이 영원하기도 하고 부질없기도 한 것이다.

이집트 사막에 우뚝 선 기자의 피라미드(기원전 2560 건립추정) Wikipedia. 가 흉물스러워 보여도 마냥 순례의 행선지가 되는 건축물인 이유는 겉보기에는 영락없이 무상한 인생이지만, 죽었어도 영원하고 무한하게 인생을 지켜주는 감정이 공감대를 이루기 때문이다. 인생은 유한하고 무상한 것 같이 보여도, 감정은 영원하고 무한하다고 느껴지면 기분이 좋아지고 감동하는 것이다. 인생은 보나마나 부질없다고만 하면 감정이 슬퍼지는데, 하다못해 구리반지를 나누면서도 영원하고 무한한 사랑을 속삭일 수 있으면 기쁜 것이 감정의 진실이며 일상의 체험이다. 피라미드는 쓸모도 없고 볼품도 없고 게다가 엄청난 대가를 치렀을 건축물이다. 그럼에도 인류 문명사를 입증하듯 영원한 건축물로 군림하고 있는 이유는 다름이 아니라, 영원하고 무한하지 못하면 성이 차지 않는 사람의 감정을 이해하는 감정과학의 건축이기 때문이다.

감정이 그렇다손 치더라도, 과연 감정을 이해하는 학문 곧 감정과학이 가능한가 하는 문제는 그 답의 향배를 따라 동서고금 학문의 진위를 가름하는 시금석이 되었다. 한편에는 영원하고 무한하여야 비로소 고정하는 우리의 감정이야말로 언제 어디서나 사람이면 누구나 공유하는 진리의 척도임으로 감정을 이해하는 것이 학문이며 과학이라는 답과 다른 편에는 끊임없이 달라지고 바뀌는 현상에서 영원하고 무한한 감정은 종잡을 수 없는 것이라서 학문 혹은 과학은 있는 현상을 파악하여 이해하려 할 뿐 이라는 답이 있다. 인류의 큰 스승이라는 부처님(기원전 563-483 추정), 공자(기원전 551-479), 소크라테스(기원전 470-399), 예수(1-33 추정)는 물론 플라톤(기원전 427-347), 맹자(기원전 372-289 추정), 주자(1130-1200), 퇴계(1501-1570), 토마스 홉스(1588-1679), 스피노자(1632-1677), 애덤 스미스(1723-1790), 찰스 다윈(1809-1882), 성철(1912-1993) 등이 한결같이 전자를 대표하고, 호메로스(기원전 12세기 혹은 9세기 추정), 아리스토텔레스(기원전 384-322), 양명(1472-1528), 율곡(1536-1584), 흄(1711-1776), 칸트(1724-1804), 헤겔(1770-1831)을 비롯하여 현대의 기라성 같은 석학들이 예외 없이 후자를 대표하고 있다. 특히 우리나라의 퇴계와 고봉(1527-1572) 그리고 율곡으로 이어지는 사단칠정이기논쟁(四端七情理氣論爭)은 바로 감정과학의 여부를 걸고 학문의 진위를 판가름하는 토론인데 인류 지성사에서 그 유례를 찾기 힘든 첨예하고 심도 깊은 학문의 공동 추구이다.

퇴계는 사람의 감정을 이해하는 논리와 능력이 모든 사람의 타고난 감정 안에 있으므로 감정은 스스로의 이치를 따라 스스로를 이해하면 인간의 행복은 물론 우주를 이해하는 열쇠가 바로 감정의 자기이해라고 한다. 따라서 학문 혹은 과학은 감정의 자기이해에서 이루어진다는 것이다. 퇴계보다 26년 연하인 당대의 석학 고봉 기대승은 감정이 이치를 따라 일어난다고 해서 스스로를 이해할 수 있는 것은 아닌 것이 감정은 스스로 이치를 어기기도 하고 빗나가기도 하기 때문이라며 학문 혹은 과학은 감정의 자기이해가 아니라, 감정을 바로 잡아 줄 이치를 자연에서 궁구하는 것이라며 퇴계의 감정과학에 반론을 제기한다.

이황 지음 『성학십도』 이광호 옮김. 홍익출판사. 2001. 특히 「제6심통성정도」. 『양선생사칠이기왕복서』 참조.

퇴계와 고봉은 감정을 달리 보는 것이다. 퇴계는 우리의 감정이 아무리 곤두박질을 쳐도 타고난 감정의 영원 무한한 이치를 떠날 수 없어서 그러는 것이기에 감정의 진실은 인간의 진실이라고 본다. 고봉은 우리의 감정이 걷잡을 수 없이 빗나가기도 하고 어긋나기도 하는 것인데 감정이 타고난 이치를 스스로 갖추고 있다며 감정의 진실이 인간의 진실이라고 한다면 인간이 너무 황당하다고 본다. 곧 퇴계는 영원 무한한 진리가 감정을 떠나지 않는다고 보는 반면 고봉은 진리가 감정 안에 있다는 것이 버거운 것이다.

퇴계는 감정이 곤두박질치고 걷잡을 수 없을 때 그 이유를 스스로 자기감정

안에서 찾으면 예외 없이 타고난 자기감정 안에 이유가 있었던 것이 아니라, 자기 아닌 남들의 일을 자기감정의 원인인 줄로 잘못 안 것을 본다는 것이다. 감정은 영원 무한한 것이라 스스로 잘못 될 이유가 없지만, 영원 무한하기에 나와 남을 나누지 않다 보면, 서로 다르고 늘 바뀌는 남의 일과 사정을 자기 것이겠거니 잘못 알기 십상이며 그러기에 감정은 예외 없이 모든 이유를 자신에서 확인하는 자기이해이어야 한다는 것이다. 남들이나 외부 현상을 자기감정의 이유인 듯 자칫 잘못 알면 감정은 곤두박질을 치는 것이다. 만물이 다 하나이지만, 저마다 다르고 늘 바뀌는 것이라서 감정의 자기이해를 지키는 한 만사형통이지만, 남 탓을 잘못 하기 시작하면 착오와 혼란에 빠지는 것이다. 따라서 철두철미한 자기이해인 감정과학이 아니면, 아무리 학문이라면서 사물을 많이 파악하고 인식한다고 하더라도 인간의 진실을 왜곡하게 되어 학문은 감정과는 멀어진다는 것이다.

감정의 걷잡을 수 없는 행태에 놀라 외부 수습책에 급급해지면, 퇴계가 아무리 감정과학의 백발백중 자기해법을 역설해도, 실험이나 연습조차도 아랑곳없이 자기주장에 몰두하는 것이다. 고봉의 논쟁은 감정을 알 수 없을 뿐만 아니라, 안다고 해서 다를 것이 없다는 초기 주장에서 일보의 전진도 없다. 다만 학문에 정진하여 만물을 이해하고 나면 감정도 이해하리라는 막연한 목적의식과 기대에 투철할 뿐이다. 고봉의 이러한 모습은 호메로스로부터 헤겔을 거쳐 현대의 석학들에 이르기까지 감정과학은 가능하지 않다고 하는 잘못된 인식을 아주 잘 대표하고 있다.

21세기에 접어들어 감정을 알지 못하면 예술도, 인문과학도 사회과학도 자연과학도 위험한 학문으로 전락한다는 체험과 자각이 깊어지고 있다. 정치도 경제도 감정을 이길 수 없다는 진실을 힘들게 배우고 있는 것이다. 세계의 명문 대학들은 앞을 다투어 엄청난 자금을 투자해 감정을 관찰하고 기록하는 첨단과학 장비들을 개발하고 연구를 진행하고 있다. 그러나 아무리 철두철미하고 정밀한 감정의 데이터라 할지라도, 그것은 감정의 수박 겉핥기에 지날 수밖에 없다. 감정은 밖에서 이해할 수 있는 것이 아니라 스스로 자기이해를 하여야 하는 것이기 때문이다.

건축학이 신의 전문직이라고 하는 고전의 이해는 바로 감정의 자기이해가 영원 무한한 신의 자기이해와 다를 바 없다는 인식이다. 집을 짓는다는 것은 마음도 아니고 몸도 아니고 감정을 돌보려는 것이다. 감정을 이해하는 건축물은 초가 오막살이도 명품이지만, 감정을 이해하지 못하는 건축물은 아무리 고대광실을 눈부시게 설계하고 건설한다 해도 집값을 못하는 것이다. 우리나라는 어쩌면 다른 것은 몰라도 감정의 진실에 충실한 사람들이 오랫동안 살아 온 고장이다. 그런 바탕에서 오랜 세월을 거쳐 인류 지성사의 금자탑이라 할 만한 퇴계의 감정과학이 금강석처럼 형성되었으리라. 한국의 건축학이 감정과학으로 재정립된다면 지구촌은 건축 덕분에 행복해 질 것이 틀림없다.

TRANS 문화교차
CULTURATION

초　판 1쇄 인쇄 2011년 6월 23일
초　판 1쇄 발행 2011년 6월 27일

저　자 박길룡 한경구 봉일범 이공희 이경훈
최혜정 나창순 김용성 최재천 전　헌
발행인 이성우
등록년월일 1975.6.17
등록번호 제 6-33호
발행처 국민대학교 출판부
전　화 02-910-4243
팩　스 02-910-4240
디자인 김진디자인

ISBN 978-89-7812-303-7 93610

* 잘못된 책은 구입처에서 바꾸어 드립니다.